DIE PERFEKTE BINDUNG

zwischen Mensch und Hund

Mehr als 50 Videoclips aus dem Alltag

Nadia Winter

Hrsg. DER HUND

DER HUND Wissen

– aufbauen, stärken und erhalten

Müller Rüschlikon

Einbandgestaltung: R2 I Ravenstein, Verden

Titelbild: Nadia Winter

Bildnachweis:
Alle Bilder von Jörg/Nadia Winter, außer den Nachfolgenden.
Brandstätter: S. 4.
Mike Winter: S. 14, S. 52, S. 120 oben.

ISBN 978-3-275-02340-0

Postfach 103743, 70032 Stuttgart
Ein Unternehmen der Paul Pietsch Verlage GmbH & Co. KG

1. Auflage 2025

Sie finden uns im Internet unter www.mueller-rueschlikon-verlag.de

Gesamtleitung: Claudia König
Lektorat: Redaktion DER HUND
Innengestaltung: r2 | Ravenstein, Verden
Druck und Bindung: Graspo CZ, 76302 Zlin
Printed in Czech Republic

INHALT

VIDEOLINKS in diesem Buch

Du findest zum besseren Verständnis der geschilderten Situationen, Übungen und Anregungen jeweils kurze Videos, das erste gleich jetzt!

VORWORT

von Dr. Kurt Kotrschal

Liebe und ihre bio-psychologische Entsprechung, die Bindung, kamen mit der Nachkommen-Mutter-Bindung bei den Säugetieren in die Welt. Beginnend mit John Bowlby und seiner Kollegenschaft zeigte die Forschung, dass im Bindungsgeschehen der hormonale Oxytocin-Mechanismus mit der individuellen mentalen Vorstellung von Nahebeziehung zusammenwirkt, die sich durch Erfahrung mit den ersten Bindungspersonen bildet.

Bei Menschen und Hunden prägt die individuelle Ausprägung von Bindung die Erwartungen an alle zukünftigen Nahebeziehungen, bzw. wie man sich auf zukünftige Sozialpartner einlässt. Zur Überlebenssicherung der Nachkommen entstanden, kommen die identischen Mechanismen der Bindung bei den Menschen auch zwischen romantischen Partnern zum Tragen und sogar in der Partnerschaft mit Kumpantieren wie den Hunden: Ist man zusammen, fühlt man sich (sowohl Mensch als auch Hund) sicher, kann einander beruhigen, bei Trennung strebt man wieder zusammen; manche Hunde stellen aus Trennungsschmerz sogar die Nahrungsaufnahme ein. Da Hunde als Wolfsabkömmlinge gruppenorientiert sind, binden sie sich in der Regel an die gesamte Familie (so vorhanden), allerdings in meist unterschiedlicher Qualität an die verschiedenen Familienmitglieder.

Bindung ist daher das zentrale Thema in Nahebeziehungen, zwischenmenschlich wie auch bei Mensch und Hund. Eine gute, angstfreie Bindungsqualität zwischen Mensch und Hund bildet die Grundlage für eine erfüllte Partnerschaft und für Top-Leistungen von Mensch-Hund-Teams in ihren jeweiligen Einsatzgebieten. Genau dazu leistet dieses Buch seinen wichtigen Beitrag.

Herzliche Grüße

Dr. Kurt Kotrschal
Biologe & Verhaltensforscher

VORWORT

von Nadia Winter

»Was bedeutet zähmen?«
»Das wird oft ganz vernachlässigt«, sagt der Fuchs.
»Es bedeutet, sich vertraut miteinander zu machen.«

(Antoine de Saint-Exupéry)

Hey, wie schön, dass dich das Thema der perfekten Bindung zwischen Hund und Mensch genauso beschäftigt wie mich. Was mich zu diesem Buch bewegt hat, ist eigentlich ganz einfach. Ich liebe es, mit meinen Hunden Maggie, Max und Marley durch die Wälder zu streifen und ihnen dabei so viel Freiheit zu bieten, wie es nur geht. Das bedingt natürlich, dass sie gut ansprechbar sind und sich an mir orientieren können. Ich dokumentiere meine »Waldgeister-Touren« meist in den sozialen Medien, sodass andere an unserem Spaß zum Bindungsaufbau teilhaben können. Beinahe täglich werde ich gefragt, wie man eine verlässliche Bindung zwischen Hund und Mensch aufbaut. Wie du später erfahren wirst, gibt es hierzu inzwischen einige wertvolle Forschungsergebnisse. Eine Hund-Mensch-Bindung wird nicht über Nacht aufgebaut, es ist ein Entstehungsprozess: von dem Moment an, wo der Hund uns das erste Mal in die Augen blickt, bis zu dem Moment, wo er uns wieder verlassen muss. Wie gut eine Beziehung zwischen Hund und Mensch ist, lässt sich am besten in schwierigen Situationen, bei denen man einander braucht, überprüfen und feststellen. Kann man sich aufeinander verlassen? Bindung zu unserem neuen Familienmitglied entsteht durch viele alltägliche Kleinigkeiten. Um diese wahrzunehmen und gemeinsam zu erarbeiten, sind diese Zeilen entstanden.

Es gibt wundervolle, durchaus wahre Geschichten über Hunde und ihre Menschen, in denen die Treue und Bindung hervorgehoben wird. Auf den Kinoleinwänden sind sie absolute Bestseller. Geschichten vom tapferen Hund Athos, der seinem Straßenleben entflieht und sich einem Ultratrail Läufer anschließt. Greyfriars Bobby, der Terrier aus Edinburgh, der 14 Jahre lang das Grab seines verstorbenen Menschen bewachte. Eine Hundestatue und eine Kneipe wurden sogar nach diesem kleinen Hund benannt. Solche sagenhaften Storys haben wir alle im Kopf. Beziehungen zwischen Hunden und Menschen gibt es, das steht außer Diskussion. Und dennoch entsteht so eine sehr hohe Erwartungshaltung an unsere vierbeinigen Freunde.

Namhafte Wissenschaftler, wie Dr. Ádám Miklósi, Professor, Verhaltensbiologe, Leiter des Instituts für Ethologie an der Eötvös Loránd Universität in Budapest (Ungarn), der größten Forschungsgruppe zum Thema Hund in Europa, vermuten, dass alle Hunde eine große Bindungsbereitschaft an Menschen in ihren Genen tragen. Bindung ist eine wichtige emotionale Nahrung, die Lebewesen am Leben erhält.

Bindung orientiert sich nicht an Futter, sondern an Nähe und Sicherheit, was letztendlich natürlich auch Futter als Bedürfnis einschließt. **Sie ist immer gleichberechtigt mit lebenswichtigen Bedürfnissen wie Nahrungsaufnahme, Schlaf, Atmen und Bewegung.**

Gleich vorab kommt die gute Nachricht: Eine frühere Bindungserfahrung ist nicht unbedingt in Stein gemeißelt! Sie kann aber in gewisser Weise darüber bestimmen, wie der Hund künftig Menschen und anderen Artgenossen begegnet, trotzdem kann man jederzeit an einer Veränderung und Verbesserung arbeiten. Der Hund kann lernen, wachsen und sich verändern.

Eine Bindung entsteht von ganz alleine, wenn man die Lebensreise ausgiebig miteinander teilt. Der geliebte Vierbeiner steht in einem engen Kontakt zu seinem Menschen. Bindung hat so gar nichts mit Gehorsam und Unterordnung zu tun. Bindung kann man nicht erzwingen. Einen Bildungsauftrag haben wir dennoch, bei der unser Hund unsere Verlässlichkeit kennenlernt und selbstbewusst in die Welt blicken kann.

Wie der Hund sich in seinem sozialen Umfeld verhält, ist keine Frage des guten Hundetrainings, vielmehr hängt sein Verhalten von der Beziehungsqualität zu seinem Hundemenschen ab. Eine Bindung ist eine besondere und **exklusive Beziehung**. Harmonische Bindungspartner fühlen sich geborgen und zeigen sich immer wieder ihre Zuneigung auf unterschiedlichste Art und Weise. Man sieht sich gerne und arbeitet gut zusammen.

Wenn es sich um eine stabile und echte Beziehung zwischen dem Hund und dem Menschen handelt, hat diese Bindung vergleichbare Funktionen wie eine Mensch-Mensch-Bindung.

Sie reguliert die Emotionen und den Stress, man gibt sich gegenseitigen Halt und ist dabei **immer fürsorglich**. Wenn es zu einer Trennung von kurzer Dauer kommt, stellt es kein Problem dar. Durch viele tägliche Vertrauensbeweise weiß man, dass man einfach zusammengehört und der Bindungspartner immer wiederkommen wird.

Sei ehrlich: Ohne die Liebe zu deinem Hund würdest du jetzt nicht diese Zeilen lesen. Wenn wir eine echte Zuneigung zu unseren Hunden haben, beweisen wir es ihnen mit wertvoller Lebenszeit, die wir ihnen widmen. Diese sollte gespickt sein mit Freude am gemeinsamen Tun, mit Erfolgserlebnissen, Abenteuer und innigen Momenten. Das gemeinsam Erlebte führt zu einer innigeren und tiefen Bindung, sicher auch zu einer Reise zu uns selbst. Ob wir anderen Lebewesen vertrauen, ist entscheidend dafür, wie zufrieden wir im Leben sind. Nutzen wir also die wertvolle gemeinsame Zeit und werden wir zu erfahrenen Reiseführern auf dem gemeinsamen Lebensabschnitt mit unseren treuen Begleitern.

Sicher habe ich das Rad nicht neu erfunden, diesen Anspruch gibt es in diesem Buch nicht. Vielmehr habe ich dir meine Lieblingsübungen zusammengetragen. Die eine oder andere Übung wirst du sicher kennen, aber vielleicht hast du vergessen, wie viel Spaß sie gemacht hat. Das Buch darf dir dabei helfen, die richtigen Fragen zu stellen und den Weg aus dem Alltagstrott hin zu einer wertvollen Zeit zu machen. Am liebsten würde ich euch auf einem Spaziergang begegnen und sehen, wie du deinen Hund voller Zugewandtheit anlächelst und ihr stolz aufeinander seid.

Ich freue mich darauf!

Tierische Grüße

Nadia Winter

Übrigens:

Die Hawaiianer bezeichnen sich nicht als Besitzer eines Haustiers, sondern als **Kahu**. Kahu bedeutet Hüter, Beschützer, Betreuer. Tiere sind kein Besitz, es geht vielmehr um eine tiefe, respektvolle Bindung zwischen Mensch und Hund. Daher wirst du in diesem Buch nichts von »Hundebesitzern« lesen; ich gehe von Hundemenschen und Hundefreunden aus.

Kapitel 1

WARUM IST BINDUNG SO WICHTIG?

»Eine ideale Bindung ist eine Vermischung beider Akteure, die des Menschen und des Hundes.«

(Autor unbekannt)

Und schon tauchen wir in etwas Hintergrundwissen ein. Fangen wir doch gleich einmal damit an, warum die Bindung für Lebewesen von so großer Bedeutung ist.

Biologisch gesehen geht es bei einem Bindungsverhalten darum, Nähe zu einem Bindungspartner herzustellen und den eigenen Schutz und den des Nachwuchses sicherzustellen. Man möchte im Leben nicht allein dastehen. Wir brauchen einander, egal ob es Freunde, Verwandte, Partner oder Nachbarn sind. Ohne Nähe zu anderen Tieren und Menschen ist eine Existenz fast nicht möglich. Wenn junge Hunde keine Bindungsmöglichkeit haben, wachsen sie eher mangelhaft auf und werden immer schwieriger in ihrem Verhalten.

Sie fangen z.B. an, ein gesteigertes Bellverhalten zu zeigen oder auch andere Verhaltensauffälligkeiten. Hunde brauchen ihre festen und sicheren Bindungspartner. Haben sie keine Vertrauenspartner, werden sie sich motorisch zurückentwickeln und womöglich sogar daran sterben.

Eine sichere Bindung – eine liebevolle und fürsorgliche Beziehung zu Elterntieren oder später zu den Hundemenschen, in der sich diese feinfühlig und verlässlich um ihren heranwachsenden Sprössling kümmern – ist ein wichtiger Schutzfaktor.

Auch wenn Junghunde ab dem 6. Monat die erste pubertäre Phase durchlaufen, in der sie sich augenscheinlich von uns lösen und alles daransetzen, die Weltherrschaft an sich zu reißen, suchen sie im nächsten Moment schon wieder engen Kontakt und den Anschluss an ihre Gruppe. Die hormonelle Umstrukturierung spielt hierbei eine große Rolle. In dieser Phase wird ein wichtiger Umbau im Gehirn vollzogen und der junge Hund erfindet sich quasi neu. Scheinbar ist nichts so wichtig wie andere Hundefreunde, die netten Hundemädels, jegliche Bewegungsreize im Wald. Die hormonelle Unausgeglichenheit und der Umbau verursachen nicht nur das Chaos in unserem gemeinsamen Leben, sondern können für später eine entscheidende Rolle spielen. Es sind die Erfahrungen dieser Zeit, die der junge Hund mit uns durchläuft. **Ein Team ist mehr als Hund und Mensch, die lediglich zusammenarbeiten. Ein Team besteht aus Mensch und Hund, die füreinander da sind** – die Sicherheit, die wir dem Hund geben, und in welche Richtung wir uns mit ihm orientieren. Wie stabil wir ihn durch Unsicherheiten und Ängste des Alltags führen, daran erkennt und lernt er, wie sehr er sich auf uns verlassen kann. Wenn wir zuverlässig, **geduldig** und umsichtig in dieser Zeit mit dem Hund arbeiten, wird er sich an unserer Seite sicher fühlen. Unerwünschtes Verhalten lässt sich so besser (auf)lösen oder gänzlich vermeiden. Der Mensch wird uninteressant, wenn der Hund diese Orientierung nicht erfahren darf und der Jungspund sucht sich anderweitige Jobs. Das ist nicht immer das, was wir uns für ein Zusammenleben mit dem Vierbeiner vorgestellt haben. Er zeigt eventuell ein Pseudojagdverhalten, einen ruppigen Umgang mit Artgenossen und/oder Bellverhalten. Die Junghundezeit ist eine echte Chance für uns, später als Team auftreten zu können und für unseren Hund ein sicherer Hafen zu sein.

Dazu einige Gedanken: Die meisten Hundehalter legen am Anfang viel Wert auf technisches Training, auf Leinenführigkeit, auf »Sitz« oder »Platz«. Sie haben es eilig und widmen dem noch jungen Hund nicht die benötigte Zeit, die er verdient hat. Die Entwicklung eines Hundes verläuft nicht immer so gradlinig, wie der ehrgeizige Mensch es sich wünscht. Der Welpe, der gerade die Welt entdeckt, muss zunächst behutsam an alles herangeführt werden. Er erkundet seine nähere Umgebung und lernt durch sein Spielverhalten viel über das Zusammenleben. In der Regel ist es dann so, dass man behutsam und mit dem langsamen Heranwachsen die Trainingseinheiten anpasst. Leider steigen aber plötzlich unsere Ansprüche und die Anforderungen an den Vierbeiner immer mehr. Für viele Hundefreunde stehen erste Grundsignale wie »Sitz«, »Platz«, Leinenführigkeit und der Abruf schon seit längerem auf dem Trainingsplan, es funktioniert ja: Man will mehr erreichen. Fälschlicherweise nimmt man an, dass es mit der Lernkurve so weitergeht und die Leistung weiter steigen muss. Das wird es aber nicht unbedingt.

Eine Mensch-Hund-Beziehung beinhaltet weitaus mehr. Wenn sich der Hund dem Menschen anvertraut, wird der Hund das heiß geliebte »Sitz« meist schon von allein zeigen und wir müssen es dann nur noch benennen. Im Prinzip ist es sogar einfach.

Die Pubertät des Hundes hebt unsere Führungsposition auf den Prüfstand

Wie beschrieben gibt es bald schon entscheidende innere Einschränkungen und Veränderungen, auf die wir uns mit unserem Junghund einstellen müssen. Die Pubertät des Hundes hebt uns auf den Prüfstand. Können wir jetzt aufeinander zählen? Der Hund wechselt von einer anfänglich ortsbezogenen Bindung auf die personenbezogene Bindung. Das bedeutet, dass das Jungtier sich uns nun definitiv anschließt und uns als exklusiven Bindungspartner aussucht. Trotzdem: Die meisten Fellkinder werden in der Altersspanne 9. Lebensmonat bis 2 Jahre abgegeben, weil man mit der Veränderung des Tieres emotional nicht zurechtkommt. Warum verändert sich denn jetzt dieser Hund? Alles, was er gelernt hat und worauf wir so stolz waren, scheint wie weggeblasen. Die Hormone, eben

auch seine Sexualhormone, und wichtige Umbauten in seinem jungen Gehirn sind der Grund dafür, dass der Jungspund explosiver und unkontrollierter auf Umweltreize reagiert. Ein kleiner »Vollgas-Johnny«. Die Lernbedingungen sollte man also gerade jetzt an sein Verhalten anpassen. Das bedeutet: als sein Hundemensch gerade nun nicht aufs Vollgas treten, sondern eher auf Routine und Ruhe umschalten! Verstehen beginnt mit Zuhören.

Gut gemeint ist eben nicht immer gut gemacht!

Zu einem erfolgreichen und harmonischen Zusammenleben mit unserem Vierbeiner gehört es unbedingt, Situationen aus dem Blickwinkel des Hundes zu betrachten. Bereits gelernte Übungen müssen mit viel Geduld und weniger mit neuen Ideen wiederholt werden. Hunde brauchen ein bedürfnisorientiertes Training, der Tagesablauf sollte vielleicht auf das Leben des jungen Hundes optimiert werden. Das bedeutet, die Lerninhalte und die Lerngeschwindigkeit an den entsprechenden Lebensabschnitt anzupassen, dem unnötigen Prüfungsstress zu entsagen und einem möglichen Gruppenzwang zu entfliehen.

Schauen wir uns das am Lieblingsthema der meisten Hundehalter an, der »Leinenführigkeit«:

Dies ist eine der Übungen, bei der man sich wirklich gut konzentrieren können muss. Wenn ich Leinentrainings am Hundehalter oder am Hundetrainer übe, wird mir in der Regel die Rückmeldung gegeben: »Mensch, ist das anstrengend!« An der Leine zu hängen, birgt unglaublich viel Kommunikation und Konzentration. Doch Vorsicht, ohne eine gute Bindung an seinen Menschen, die ein Welpe anfangs gar nicht haben kann, ist diese Übung per se schwierig. In den ersten 3 Monaten des jungen Hundes hat der Neuankömmling nur eine gewisse Ortsbindung. Wenn der übereifrige Hundemensch diese Übung in völlig neuen Umgebungen trainiert, ist das für den Welpen eine komplette Verunsicherung und richtiges Lernen wird dadurch erschwert. Diese komplizierte Aufgabe stellt für den Welpen bis zum 4. Lebensmonat eine völlige Überforderung dar – je nach Rasse und Typ des Hundes etwas mehr oder weniger. Das heißt aber nicht, dass man dem Hund nicht von Anfang an beibringen kann, nicht an der Leine zu zerren.

Viele kleine Schritte und große Geduld führen zum Erfolg und bilden die Basis für ein später gut ausgeführtes Signal. Locker an der Leine zu laufen, ist ein Training, das lange im Hundeleben geübt wird. Ziehen an der Leine ist stark selbstbelohnend, der Hund zieht und kommt dahin, wo er hinmöchte. Genauso unwirtschaftlich für dieses Training ist eine Auszugleine in jungen Jahren des Hundes. Die locker herunterhängende Leine und eine Grundgelassenheit an diesem Werkzeug erreicht man nur, indem man konsequent das Ziehen verhindert. Es ist ein Training, das zwar erst einmal nicht viel über die Bindung des Hund-Mensch-Teams aussagt, aber eine Vertrautheit mit dem Menschen am anderen Ende der Leine voraussetzt. Um dem jungen Hund genügend Sicherheit zu vermitteln und der altersgerechten Ortsbindung zu folgen, können die ersten Übungsschritte einfach und problemlos im reizarmen Wohnzimmer oder im bereits bekannten Garten stattfinden.

Die Leine, das magische Band

Spielerischer Aufbau für einen jungen Hund

Wenn wir schon beim Thema Leinenführung sind: Hier folgen ein paar Ideen für einen harmonischen und erfolgreichen Aufbau für die »lockere Leine«.

Zunächst einmal sollte man sich im Trainingsaufbau für eine Führseite entscheiden, auf welcher der Hund künftig das Signal ausführen soll. Für den Beginn ist es wichtig, dass man sich konsequent für eine **Führseite** entscheidet. Möchten wir den Hund auf der linken Seite führen, wird die Leine in der rechten Hand gehalten. Die Leine befindet sich diagonal vor dem Körper. Die linke Hand (die Fütterhand) ist nicht an der Leine. Der Hund sollte nicht quergefüttert werden, da sonst die Gefahr groß ist, dass er vor die Füße läuft und quert. Wenn der Hund quergefüttert wird, führt das nur zu unnötigen Trainingsfehlern, an denen man später wieder arbeiten muss. Der Einhandfutterbeutel sollte sich am besten in der Mitte des Körpers befinden, sodass man in der Lage ist, zur Not beidseitig zu arbeiten. In diesem Futterbeutel befinden sich lose und nicht in einer raschelnden Tüte – da der Hund sonst auf ein Raschelgeräusch konditioniert wird – kleine, weiche Futterstücke. Diese sollten schnell zu kauen sein, damit man einige erfolgreiche Wiederholungen üben kann. Vorsicht, keine trockenen Kekse geben!

1

2

3

4

5

6

7

8

9

Nun wird der Hund angeleint und die feinen Futterstücke werden ihm in der linken Hand anvisiert. Möchte der Vierbeiner die Leckerbissen haben, dann ist das unser Startpunkt, mit ihm zu beginnen. Die Futterhand wird direkt neben dem Bein auf Höhe der Hundenase festgehalten. Der Hund befindet sich direkt am Bein. Jetzt geht man mit dem linken »Führfuß« los, damit die Körpersprache von Anfang an klar und deutlich ist. Zunächst einmal reichen 2 bis 3 Schritte, dann wird abgestoppt und der Welpe bekommt sein Leckerli mit einem dicken, aber ruhigen Lob. Das kann man 2-mal wiederholen, bevor man ihn von der Leine nimmt und mit einem Frei- oder Okay-Signal zum Spielen schickt. Der Hund wird nicht überfordert und jeglicher Ehrgeiz seitens des Menschen eingefroren. Zu Anfang reichen 2 bis 4 Übungswiederholungen. Eine Steigerung findet angepasst und langsam statt. Funktionieren die ersten Wiederholungen gut, kann man das Wort-Signal »Fuß« einführen, während der kleine Hund brav dicht am Fuß läuft.

Ein schönes **Leinenführspiel** für eine »lockere Leine« kann man mittels Klicker oder Markersignal einführen. Die lassen sich prima auf Spaziergänge mitnehmen. Der Start ist wie im Leinenführtraining. Man hält die Leine in der rechten Hand, den Klicker, wenn es geht, ebenso. Befindet sich der Hund auf halber Körperlänge vorne, kann man ein Markiersignal setzen, wenn der Hund sich noch innerhalb des eigenen Armradius befindet, und **zwar bevor er zieht!** Der Arm bleibt immer am Körper und wird nie nach vorne rausgegeben. Nun wird sich der Hund umschauen, das mit dem »Klick« versprochene Futterstück wird nun ganz weit hinter dem Körper des Hundeführers gereicht, sodass der Hund im Prinzip von vorne nach hinten laufen muss. Das kann man gut einige Male wiederholen. Waren wir zu langsam? Zieht der Hund bereits? Dann kann man 1 oder 2 Schritte rückwärtsgehen und der Hund pendelt sich wieder ein, an der richtigen Stelle wird gleich wieder mit dem Klicker oder dem Markerwort »Top« oder »Klick« der richtige Punkt bestätigt.

Achtung:

Das Markersignal und der Klicker sind keine Rufzeichen! Es handelt sich um Geräusche, die ein richtiges Verhalten punktgenau bestätigen und immer ein baldiges Futterstück zur Belohnung versprechen, ohne dass der Mensch gleichzeitig das Futter in der Hand halten muss. Es wird also das richtige Verhalten bestätigt, aber nicht dahin gelockt.

Da Hunde schlau sind und meist energiesparend, werden sie sich schnell direkt am Bein einpendeln. In dem Fall kann man das Ankommen des Hundes direkt am Bein markieren und mit dem Signal »Fuß« versehen. Schon haben wir den spielerischen Aufbau eines »Bei-Fuß-Signals«. Übung macht den Meister!

Hinweis:
Alle Übungen brauchen Zeit und müssen sorgsam in verschiedenen Umgebungen wiederholt und generalisiert werden. Hunde lernen stark ortsbezogen. Alles, was der junge Hund zuhause kann, wird er noch lange nicht im Wald oder in der Stadt zeigen können. Auch wenn er scheinbar schon beim dritten Mal »Sitz« in Perfektion abgeleistet hat, sollten wir uns nicht verleiten lassen, zu denken, dass der Hund es bereits kann und es vor allem überall zeigen wird. Wir haben gelernt: kleinschrittig und fair üben!

Die Leine ist ein **magisches Band zwischen Menschen und Hunden**. Hier werden Stimmungen übertragen und Verbindungen aufgebaut. Daher die dringende Bitte, sorgsam mit diesem Werkzeug umzugehen!

Viele Menschen haben an ihren Hund höhere Ansprüche als an ihr eigenes Verhalten. Die menschlichen Ansprüche an das Verhalten des Hundes und seiner Rasse sollten einige Gänge zurückgefahren werden. Der junge Hund soll Freude an der gemeinschaftlichen Arbeit entwickeln. Dem respektvollen Umgang auf Augenhöhe in einer Zeit, in welcher der Hund stark ablenkbar ist, kommt dabei enorme Bedeutung zu. Das hat nichts mit einem verweichlichten Umgang mit dem Vierbeiner zu tun, vielmehr mit dem Wissen über den sicheren Bindungsaufbau in dieser wichtigen Zeit. Im Hundeunterricht möchten Hundemenschen auch immer gerne Anerkennung bekommen und vom Trainer gelobt werden. Sie vergessen dabei nur allzu oft, dass auch der kleine »Lehrling« diesen tiefen Wunsch hegt, und der muss wahrlich mehr leisten. Nach Wunsch des Hundehalters sollte der

1

Auch bei einer Mehrhundehaltung ist ein Leinentraining für jeden einzelnen wichtig und richtig: Jeder Hund hat sein eigenes Training verdient. Dabei kann das auch in Gesellschaft der anderen erfolgen.

2

3

4

5

6

7

8

9

10

Hund möglichst »stante pede« auf sein Signal reagieren – aus Trainererfahrung kann ich aber berichten, dass gerade der Mensch unzählige Wiederholungen benötigt. Es braucht seine Zeit, bis man weiß, was von einem erwartet wird. Vom Unterrichtsteilnehmer ist es sicher nicht böse gemeint; er kann in der Stunde oft nur das mitnehmen, was er just in dem Moment gebrauchen kann. So geht es unseren Vierbeinern allerdings auch. In einem Zeitalter, in dem man von Technik heimgesucht wird, lassen sich Menschen allzu leicht ablenken und verlieren so die Konzentration und den Blick zueinander, egal ob im Unterricht oder auf dem Spaziergang im Wald. Das Smartphone sollte man daher in der gemeinsamen Trainingszeit ausschalten. Genauso verhält es sich auch mit Zigaretten im Training. Hunde scheuen häufig die Futterhand des Hundemenschen, da sie vorher geraucht haben. Hunde haben eine empfindliche Nase! Versuchen wir doch, der Schlüssel zu einer spannenden und zugleich entspannten Hundewelt zu werden.

Dein Hund kann zählen

An komischen Alltags-Situationen müssen wir alle mal vorbeilaufen. Keiner von uns möchte an Hindernissen des Alltags mit gestreckter Leine hinter dem Hund hergezogen werden. Wäre es da nicht prima, eine stressfreie Lösung zu haben, die super einfach zu erlernen ist?

Dazu sollten wir zunächst einmal in einer reizarmen Umgebung beginnen. Am besten setzt du dich dazu auf das Sofa im Wohnzimmer. Du hast 3-mal 10 kleine, weiche Futterstücke. Der Hund sitzt vor dir. Jetzt zählst du laut und spannend die Leckerlis von einer Hand in die andere Hand. Anfangs gibst du bei »5« alle Leckerlis, die du hast, an den Vierbeiner. Nach und nach – du siehst am besten, wann der Hund in der Lage ist, ruhig sitzen zu bleiben – zählst du bis 10 und dann bekommt der Hund alle Futterstücke. Jackpot! Der Hund wird mit diesem Spiel angeregt, dich anzuschauen. Wie bei allen Übungen ist es wichtig, sie täglich zu üben und unbedingt zu generalisieren. Das bedeutet, sie zunächst in Bewegung in der Wohnung zu

VIDEO
Zählspiel im Wald

VIDEO
Mein Hund kann zählen

VIDEO
Zählspiel im Laufen

VIDEO
Zählen am Hindernis vorbei

machen, dann in einer reizarmen Umgebung auf dem Spaziergang, bis du es dann schließlich auch bei Begegnungen anwenden kannst. Bleib am Anfang bei dem Schema, dass du wirklich spannend von einer Hand in die andere zählst. Später reicht es, wenn du zählst und das Futterstück aus der Futtertasche kommt. Auch das »Bei-Fuß-Gehen« mit und ohne Leine wird bedeutend einfacher, wenn man dieses Spiel hin und wieder einbaut.

Tipp:
Das Zählspiel lässt sich auch anwenden, wenn dein Hund sich gerade anderweitig beschäftigt, ihn ein Mauseloch interessiert oder er andere Dinge spannender findet, als mit dir weiterzugehen. Du drehst dich vom Hund weg und zählst, ihm dem Rücken zugewandt, ganz laut und deutlich. Dabei wirfst du die Leckerlis vor dich **auf den Boden**. Wenn der Hund anstürmt, darf er die bereits gezählten Futterstücke sofort haben. Wenn du magst, kannst du noch ein »Nimm's dir« einfügen, damit er künftig lernt, zu fragen, wenn Dinge auf dem Boden landen. Sofort ist wichtig! Der Hund soll die Leckerlis oder dich nicht zu lange anschauen.

Alles tanzt nach meiner Pfeife!

Unsere Hunde leben in einer lebenslangen Abhängigkeit von uns. Sie sind auf unseren Schutz und unsere Fürsorge angewiesen. Wir haben uns dazu entschieden, einen Hund bei uns aufzunehmen. Die Entscheidung haben wir dabei für ihn getroffen. Im Prinzip gestalten wir sein ganzes Leben. Die Regeln des täglichen Zusammenlebens werden von uns aufgestellt. Diese sollen für ein entspanntes Hunde- und Menschenleben sorgen. Ein gutes Beispiel dafür ist das **Abruf- und Stoppsignal** – meiner Meinung nach eine der wichtigsten Trainingsgrundlagen. Ein sicherer Abruf bringt Freiheit und Freude für alle.

Mit einem perfekten Abruftraining ist es dabei aber noch lange nicht getan. Vielmehr sind es die Verbindlichkeit und unsere Strukturen im Alltag, die für unsere Hunde so wichtig sind. Sie haben schnell heraus, dass es um die Willenskraft von Frauchen und Herrchen schnell geschehen ist, wenn sie ihre süßen Kulleraugen anknipsen. Die Kühlschranktür geht auf und die leckeren Fleischbällchen vom Vortag werden an den Hund verfüttert. Schon aus biologisch wichtigen Gründen hat der Hund diese Verhaltenskette schnell perfektioniert. Er weiß, wenn er bellt, stupst, jault, wird er die Aufmerksamkeit von Frauchen und Herrchen auf das Objekt seiner Begierde hinlenken.

Ein Hund hat schnell gelernt, dass sich das ganze Leben seiner Mitbewohner nur um ihn dreht. Wenn alles nach seiner Pfeife tanzt, warum soll er dann reagieren, wenn man ihn draußen ruft? Es duftet alles so schön und Artgenossen laden zum Spielen ein. Er entscheidet, wann es wieder Zeit ist, seinen Menschen in Aktion zu versetzen. Schade! Denn solch ein Hund ist nicht durch seine Sturheit oder Untrainierbarkeit ein Leben lang an die Leine gebunden, sondern durch unsere kleinen Inkonsequenzen im Alltag, die für ihn am Ende das große Ganze ausmachen.

Übung: Umkehren als Vertrauensbeweis

VIDEO

Abruf

Der sichere Abruf gehört zu den Königsdisziplinen im Hundeleben. Jegliches Abruf- und Pfeiftraining nutzt sich allerdings mit der Zeit und mit der Nutzung und Nichtnutzung ab.
Es sollte also unbedingt regelmäßig trainiert werden.

Tipp:

Zusätzlich das »Umkehr-Signal« etablieren! Es verhilft dem Hund dazu, mit seinem Menschen in die andere Richtung abzudrehen, sollte man einer Begegnung aus dem Weg gehen wollen. Spannend bei diesem Signal ist, dass es sich nicht abnutzt! Erfahrungsgemäß lieben Hunde es.

VIDEO

Kehr um und Kommunikation

VIDEO

Kehr um

Viele Hunde laufen gerne vor ihrem Menschen her. Das ist auch völlig in Ordnung. Manche allerdings haben schon allein rassebedingt einen sehr viel weiteren Radius als andere; Retriever-Rassen z.B. haben sehr gerne einen hohen Radius, den sie arbeitsbedingt auch brauchen. Damit sie den Kontakt zu uns nicht verlieren, kann man mit ihnen eine Art Abmachung treffen. **Der Hund sollte spätestens alle 30 Schritte an uns denken!**

Der Aufbau ist einfach und schnell trainiert: Das Kehr-um Signal ist mit und ohne Leine trainierbar. Diese Übung kann man mit einem Ball oder einem großen sichtbaren Leckerli machen, je nachdem, ob dein Hund lieber spielt oder frisst. Große Käsewürfel, die sich farblich auch von der Farbe des Bodens abheben, haben sich gut bewährt. Hunde, die kein Futter und kein Spielzeug mögen, können dieses Training auch gut mitmachen, da ein Futter oder das Spielzeug das Signal verstärkt, aber nicht unbedingt notwendig ist.

Dieses Signal ist wunderbar, wenn man die Richtung wechseln möchte, etwas auf dem Weg vor einem erscheint und man den Hund nicht gleich an die Leine nehmen will. Es ist zudem ein Vertrauensbeweis für den Hund, da man ihn nicht direkt wieder an die Leine nimmt und ihm Freiheit, Spiel und Spaß verspricht.

Und so funktioniert es: Bevor der Hund durchstartet und zu weit weg ist, nimmt man die Hand mit dem gut sichtbaren Spielzeug oder Käsewürfel nach oben, dreht sich mit dem ausgestreckten und zum Abwurf bereiten Arm in die andere Richtung und ruft dabei ein ausgedehntes »Kehr um« oder »Dreh um«. Ist der Hund fast auf der Höhe des Körpers, wird das Spielzeug oder der Leckerbissen nach vorne geschleudert. Bitte beachte, wenn dein Hund an der Leine ist, das Futterstück oder den Ball nicht zu weit zu werfen. Jetzt auf keinen Fall in die Richtung des Hundes schauen. Geh einfach weiter und du wirst spüren, wenn er angerast kommt oder an dir vorbeirennt. Wenn man das so trainiert, werden der Arm und das Wort gleichermaßen zum Signal. Hunde lieben dieses Signal, weil sie nicht gleich beim Menschen festgesetzt werden. Sie dürfen sich mit dem Weiterrennen und/oder dem Spielzeug beziehungsweise mit dem Leckerli belohnen. Jetzt kann man einfach gemeinsam in die andere Richtung weitermarschieren. Trainierst du an der Schleppleine, ist es wichtig, keine unnötigen Impulse an der Leine zu geben. Diese

Übung solltest du einige Male hintereinander trainieren und in bzw. auf unterschiedlichen Umgebungen und Wegen generalisieren. Es ist ein Alltagstraining und kann auf jedem Spaziergang abgerufen werden.

Sind wir wichtig für unsere Hunde?

Wissenschaftler der Emory University im US-Bundesstaat Georgia haben Hunden beigebracht, in einem MRT-Gerät still liegen zu bleiben. Als die Forschenden den Hunden Gerüche von Artgenossen, anderen Tieren, Futter und ihren menschlichen Begleitern vorstellten, war es der Geruch ihrer Menschen, der die Hunde am meisten erregte.

Die Wissenschaftler fanden heraus, dass der Duft von Hundemenschen tatsächlich eine Aktivierung im »Belohnungszentrum« ihres Gehirns, dem Nucleus caudatus, auslöste. Von all den Gerüchen, die sie wahrnehmen mussten, war der menschliche Duft der Geruch, der sie am meisten interessierte. Kein anderer Geruch war so wichtig.

Die Ergebnisse dieser Studie bestätigen ein älteres Experiment aus Budapest, bei dem Forscher untersuchten, wie Hunde auf Geräusche reagieren. Wenn Hunde die Geräusche von Menschen hörten, leuchtete das Belohnungszentrum ihres Gehirns auf und sie wurden deutlich aufgeregter.

Den Wissenschaftlern fielen weitere Eigenschaften an Hunden auf: Sie sind die einzigen Nicht-Primaten, die Menschen in die Augen schauen, und das einzige domestizierte Tier, das auf Menschen zuläuft, um Schutz und Trost zu finden, wenn sie in Not geraten. Des Menschen beliebtestes Haustier, die Katze, läuft dann beispielsweise lieber weg.

»Das soziale Verhältnis zwischen Besitzer und Hund basiert auf Bindung und bietet Sicherheit sowie eine Grundlage für Zusammenarbeit. Eine balancierte Bindung entwickelt sich im Laufe der Zeit und betont die gegenseitige Verfügbarkeit in Zeiten der Not sowie das schrittweise Erlernen des Alleinseins. Diese Bindung erleichtert nicht nur das Training, sondern kann auch die Leistung bei Aktivitäten wie Wettbewerben steigern. Zudem bietet sie sowohl Hunden als auch Besitzern Trost in herausfordernden emotionalen Momenten.«

(Ádám Míklosi)

Kapitel

2

WAS BINDUNGSORIENTIERTE ERZIEHUNG AUSMACHT

John Bowlby, ein britischer Kinderarzt und -psychiater, war Begründer der sogenannten Bindungstheorie. Bowlby hat dabei Bindungstypen beschrieben und definiert, die auch auf die Bindung zwischen Menschen und Hunden anzuwenden sind.

Schauen wir uns zunächst einmal die unterschiedlichen Bindungstypen an.

VERSCHIEDENE BINDUNGSTYPEN

Sichere Bindung

Wenn der Hund eine stabile und sichere Bindung zu seiner Bezugsperson hat, weiß er, dass dieser Mensch keine Bedrohung für ihn darstellt, auch wenn er die gegebenen Regeln durchsetzt. Ganz im Gegenteil, diese Bindungsperson wird zu seinem sicheren Hafen. Mit diesem Menschen lernt der Hund zuverlässig und gerne alles, was zum Leben benötigt wird, sogenannte Life-Skills. Diese Person wird ihn in allen Lebenslagen motivieren. Ein echtes Vorbild, an dem sich der Hund gerne orientieren wird.

Unsichere Bindung

Der Hund hat hier das Gefühl, die Führung übernehmen zu müssen, da sein Mensch eher unbeholfen und unwissend auf ihn wirkt. Diese Person unterstützt den Hund nicht adäquat in schwierigen Situationen und hat auch keine Vorbildfunktion für ihn. Dinge, die man gemeinsam erlernen muss, werden vom Hund nur so lange mitgemacht, wie es Spaß macht. Der Mensch gibt ihm nicht ausreichend Sicherheit und deshalb übernimmt der Hund meist die Führung, auch wenn er dazu emotional eigentlich nicht in der Lage ist.

Unsicher-vermeidende Bindung

Die unsicher-vermeidende Bindung ist eine Bindung, in welcher der Hund eher die Beziehung zum Menschen meidet. Der Hund fühlt sich nicht akzeptiert, sogar abgewiesen, und versucht, durch Nichtauffallen Konflikte zu vermeiden. Blickkontakt wird nicht erwidert, Nähe nicht zugelassen. Der Hund bremst dadurch künftig sein Bedürfnis nach Nähe und Zuwendung, bleibt innerlich gestresst. Oft hat er das Gefühl, dass er immer für den Menschen Hochleistung erbringen muss. Ihm werden keine Verhaltensmöglichkeiten in Bezug auf seine eigenen Bedürfnisse beigebracht. Diese Hunde können häufig sehr schlecht alleine bleiben. Im Ergebnis wird der Hund später versuchen, seine Probleme selber zu lösen. Dies wird eventuell als »Dominanzverhalten« fehlinterpretiert.

Ambivalent-unsichere Bindung

Die ambivalent-unsichere Bindung entsteht dann, wenn der Hund immer mit den Stimmungsschwankungen seines Menschen rechnen muss. Das hat für ihn zur Folge, dass zu jeder Zeit die Stimmung seines Menschen kippen kann und es für den Hund unvorhersehbar negative Konsequenzen gibt. Zum Beispiel wenn er für ein und dieselbe Sache mal geschimpft oder bestätigt wird. Mal ist Bellen niedlich und man lacht darüber, ein anderes Mal bekommt der Hund »eins auf den Deckel«. Auf der Hundewiese wird er an manchen Tagen sich selbst überlassen und er muss die Begegnungen selbst »ausbaden«, Schutz kann er von seinem Menschen leider nicht erwarten. Tiere mit einer unsicher-ambivalenten Bindungen klammern sich häufig an ihre Menschen und können sich dennoch in ihrer Nähe nicht entspannen. Nach einer Trennung wird der Mensch angerempelt, angebellt oder abgeschnappt.

Beide bindungsunsicheren Typen gelten als Risiken für die psychische Entwicklung, denn bindungsunsichere Hunde ziehen sich zurück und sind oft nicht sozial mit Menschen und Hunden. In dieser Konstellation findet man häufig Hundehalter, die ihrem Hund alles nur auf »Befehl« zulassen. Alles wird streng reglementiert. Eifersucht und Angst führen hier die Emotionen an.

Desorientierte Bindung

Die desorientierte Bindung ist auch das Ergebnis von schwankenden Umgangsformen mit dem Hund. Er wird einerseits überhäuft mit Spielzeugen, Halsbändern, Hundebetten und Leckerlis. Andererseits wird ihm nichts vergönnt. Der Hund ist nie genug. Ständig werden neue Trainings versucht, Seminare besucht, und der Hund muss den neusten Schrei immer mitmachen. Aufgrund dessen ist der Hund eher eine Modeerscheinung, aber eine Beziehung hat man nicht. Der Hund gibt sein Sosein ab und lebt nur das Wunschleben seines Halters. Der Hund ist nicht in der Lage, in kritischen Situationen das ruhige Verhalten seines Halters nachzuahmen. Er flüchtet lieber und wird sich den Schutz nicht bei seinem Menschen suchen. Er lässt sich in diesen Fällen sehr ungern anfassen und beruhigen. Er beschäftigt sich lieber völlig für sich allein. Im Schreckmoment wird er sich auch auf Entfernung nicht mehr auf seinen Menschen einlassen können.

Diese Tiere zeigen bei einer Trennung häufig stereotype Verhaltensmuster und Zerstörungsanfälle. Sie scheinen rastlos, schwanken zwischen Hinlegen, Aufstehen, Schnüffel- und Suchaktionen, machen übertriebene Fellpflege – daher auch der Begriff »desorganisierte Bindung«. Ein sicherer Bindungsaufbau ist nicht möglich. In dem Fall braucht man professionelle Hilfe von gut erfahrenen Verhaltensberatern oder Verhaltensberaterinnen.

Wie Bindung entsteht und was sie beeinflusst

Es liegt in der Natur des Hundes, dass er dem Menschen gerne folgt. Im Idealfall hat seine perfekte Bindungsperson eine von Grund auf positive Einstellung zum Leben und steht gut in Kontakt mit den eigenen Bedürfnissen. Die Bindungsperson zeigt einen autonomen Fürsorgestil, hat ein gutes Selbstvertrauen und eine vernünftige Frustrationstoleranz; sie hat Respekt und Empathie für ihre Umwelt und dem Bindungspartner gegenüber. Trotzdem: Weder Menschen noch Hunde müssen perfekt sein!

Ein sicher gebundener Hund entwickelt eine Vielzahl von »Life-Skills«, also Fähigkeiten und Verhaltensweisen, die seine Lebensqualität enorm verbessern. Die Beziehung zu seinem Menschen wird sich so verstärken.

Was sind die Life-Skills eines sicher gebundenen Hundes?

Hier sind einige der wichtigsten Fähigkeiten und Merkmale, die sich bei einem sicher gebundenen Hund zeigen:

1. **Vertrauen:** Ein sicher gebundener Hund hat Zutrauen in seinen Menschen und seine Umgebung. Er fühlt sich sicher genug, um neue Erfahrungen zu machen und unbekannte Situationen allein und noch lieber mit seinem Menschen zu erkunden.
2. **Soziale Fähigkeiten:** Hunde, die eine starke Bindung zu ihrem Menschen haben, zeigen oft bessere soziale Fähigkeiten gegenüber anderen Hunden und Menschen. Sie sind in der Lage, angemessen zu interagieren und Konflikte zu vermeiden.
3. **Emotionale Stabilität:** Eine sichere Bindung trägt zur emotionalen Stabilität des Hundes bei. Er kann besser mit Stress und Veränderungen umgehen, da er sich auf seinen Menschen verlassen kann.
4. **Lernbereitschaft:** Hunde, die eine positive Bindung zu ihrem Menschen haben, sind oft motivierter zu lernen. Sie sind eher bereit, neue Signale zu erlernen, da sie die Interaktion mit ihrem Menschen als positiv empfinden.
5. **Kooperation:** Ein gut gebundener Hund zeigt oft eine höhere Bereitschaft zur Zusammenarbeit. Er ist eher bereit, Signale und Anweisungen zu befolgen und mit seinem Menschen zusammenzuarbeiten.

6. **Selbstsicherheit:** Hunde mit einer sicheren Bindung entwickeln ein gesundes Maß an Selbstvertrauen. Sie fühlen sich wohl in ihrer Haut und sind weniger ängstlich oder unsicher in neuen Situationen.
7. **Bindung und Loyalität:** Eine starke Bindung führt oft zu einem Gefühl von Loyalität und Verbundenheit. Der Hund sucht die Nähe seines Menschen und zeigt Zuneigung.
8. **Emotionale Intelligenz:** Gut gebundene Hunde können oft die Emotionen ihrer Menschen wahrnehmen und darauf reagieren. Sie können Trost spenden, wenn ihr Mensch traurig ist, oder Freude zeigen, wenn ihr Mensch glücklich ist.
9. **Stressbewältigung:** Hunde, die sicher gebunden sind, haben oft bessere Strategien zur Stressbewältigung. Sie können lernen, sich in stressigen Situationen zu beruhigen, da sie wissen, dass ihr Mensch da ist.
10. **Fähigkeit zur Selbstregulation:** Ein sicher gebundener Hund kann lernen, seine Impulse besser zu kontrollieren. Das führt zu einem besseren Verhalten in schwierigen Situationen.

Das Beste für die Entwicklung von Hunden ist Vorhersagbarkeit

Nicht nur der Mensch umgibt sich gerne mit sicheren und souveränen Lebewesen. Ein sicherer Bindungsmensch zeigt gute Stresslösungsstrategien und eine ordentliche Portion Nachsicht. Mit ihm fühlt man sich geborgen und gewappnet für das Leben. Er reagiert vorhersehbar und kann angemessen auf Bindungsverhalten (Kontaktaufnahme, Bellverhalten, Wutausbrüche etc.) des Hundes eingehen. Der Hund eines sicheren Verbindungspartners zeigt sich gelassen mit der Umwelt und seinen Artgenossen; er ist besser in der Lage, die Sprache anderer Lebewesen zu deuten, konzentriert sich eher, schließt schneller neue Freundschaften und wirkt insgesamt zufriedener mit seinem Leben.

Dieser Hund hat gelernt, die Sprache seines Menschen sicher zu deuten. Der Mensch ist sein Sozialpartner. Mensch und Hund verstehen sich intuitiv, wenn man es zulässt und klar in seiner Kommunikation ist.

Was ist mit Hunden, die keine sichere Bindung aufbauen konnten?

Hunde, die keine sichere Bindung zu ihren Bezugspersonen aufbauen konnten, zeigen oft verschiedene Verhaltensauffälligkeiten und emotionale Probleme. Eine unsichere oder schwache Bindung kann verschiedene Ursachen haben, wie zum Beispiel eine frühe Trennung von der Mutter, mangelnde Sozialisation, traumatische Erlebnisse oder unzureichende positive Erfahrungen mit Menschen. Hunde, die vermittelt waren oder aus dem Auslandtierschutz stammen, sollte man daher besonders geduldig unterstützen. Ist ein Hund völlig isoliert aufgewachsen, also ohne Menschen oder Reize, ist er folglich auf diese nicht sozialisiert worden. Er hat nicht gelernt, sich dem Menschen anzuschließen und ihm zu vertrauen. Zudem wird er nicht in der Lage sein, die Körpersprache der Menschen zu deuten.

Je nach Alter und Erfahrung wird es schwierig und manchmal auch unmöglich sein, dass solch ein Hund diese nötigen Fähigkeiten noch erlernen kann. Ein erwachsener Hund mit dieser Vorgeschichte ist häufig nicht mehr in der Lage, angenehme Erfahrungen, die er mit einzelnen Menschen gemacht hat, wiederum auf fremde Menschen zu übertragen, wenn er das vorher nicht gelernt hat. Im Prinzip startet solch ein Hund bei jedem Menschen, den er neu kennenlernt, bei Null.

Hier sind einige mögliche Auswirkungen auf das Verhalten und die Psyche solcher Hunde:

1. **Ängstlichkeit:** Solche Hunde können ängstlich oder misstrauisch gegenüber Menschen und anderen Tieren sein. Sie können sich zurückziehen oder ängstlich reagieren, wenn sie mit neuen Situationen konfrontiert werden.
2. **Verhaltensprobleme:** Unsichere Bindungen können zu Verhaltensproblemen wie übermäßigem Bellen, Zerstörungswut oder Aggression führen. Manche Hunde zeigen stereotypisches Verhalten wie zum Beispiel das Kreisen oder Lecken.
3. **Schwierigkeiten bei der Anpassung:** Hunde, die keine sichere Bindung erfahren haben, tun sich oft schwer, sich an neue Umgebungen oder Veränderungen anzupassen. Sie können gestresst oder überfordert wirken.
4. **Mangelndes Vertrauen:** Diese Hunde haben Schwierigkeiten, Vertrauen zu Menschen aufzubauen. Sie neigen dazu, sich von Menschen zu distanzieren oder nicht gerne zu interagieren.

5. **Soziale Isolation:** Hunde, die keine sichere Bindung aufbauen konnten, können weniger Interesse an sozialen Interaktionen mit Menschen oder anderen Hunden zeigen, was zu sozialer Isolation führen kann.

Um Hunden mit unsicheren Bindungen zu helfen, sind Geduld, positive Verstärkung und eine sichere, liebevolle Umgebung wichtig. Training, das auf Vertrauen und Sicherheit abzielt, kann helfen, die Bindung zu stärken und den Hund emotional zu stabilisieren. Die Kommunikation zwischen Menschen und Hunden muss klar und eindeutig sein. Wie kommt meine Kommunikation beim anderen Lebewesen an? Versteht der Hund sicher, was ich meine?

Manche Menschen verhalten sich nicht so, wie es ihr Hund brauchen würde. In einigen Fällen kann die Unterstützung durch eine erfahrene Verhaltensberaterin oder einen erfahrenen Verhaltensberater sinnvoll sein. Leider bedienen viele Hunde die menschlichen Sehnsüchte, weil sie sich gut lenken und trainieren lassen. Der Hintergrund ist falsch verstandene Tierliebe und aufkommende Probleme sind vorprogrammiert.

Die Hunde von überehrgeizigen Mitmenschen sind häufig eher unsicher vermeidend gebunden. Vermeidend gebundene Hunde unterdrücken ihr Nähebedürfnis, weil die Hundehalter auf ihre emotionalen Signale meist abweisend reagieren. Sie ziehen sich eher zurück und sind insgesamt nicht so widerstandsfähig gegenüber Belastungen der Umwelt. Sie reagieren mit einem geschwächten Immunsystem, entwickeln schneller Krankheiten und Verhaltensprobleme. Häufig fallen diese Hunde in der Hundeschule zunächst einmal nicht weiter auf. Sie gewöhnen sich schnell an neue Situationen und machen gut mit, gut geht es ihnen dabei aber nicht. Sie haben häufig großen Stress, haben allerdings gelernt, diesen besser nicht allzu offen zu zeigen.

Bekommen wir immer mehr unsicher gebundene Hunde?

Ich denke, die allermeisten Hundehalter sind um eine gute Bindung bemüht. Ich befürchte aber, dass wir immer mehr unsicher gebundene Tiere bekommen. Einerseits sitzt bei vielen die Angst tief, den Hund zu sehr zu verwöhnen. Viele arbeiten früh daran, ihre Hunde zur Frustrationstoleranz und Impulskontrolle zu erziehen, lassen dabei die Vertrauens- und Bindungsarbeit allerdings auf der Strecke. Manche Hundehalter reagieren nicht feinfühlig auf die Signale ihrer Hunde, sondern gehen eher rüde mit ihnen um. Wenn man einen kleinen Krieger heranwachsen sehen möchte, ist das sicher ein guter Weg, da Hunde dann lernen, Gefühle abzuspalten und keine Schmerzen und Bedürfnisse mehr wahrzunehmen. Das ist nicht der Weg, wenn man partnerschafts- und beziehungsorientiert leben und emotional glücklich mit seinem Hund sein möchte. Andere Hundeerzieher wiederum scheinen ihre Vierbeiner mit Liebe zu erdrücken und überhäufen sie mit Kuscheltieren, Spielzeug und Leckerlis.

Ein gesunder Mittelweg, ein Gespür für das Lebewesen und eine gute Kenntnis über die Sprache des eigenen Hundes sind sicher ein großer Schritt in die erwünschte Richtung. Der Hund beobachtet seinen Menschen genau, dabei liest er, was der Mensch braucht und reagiert hierauf. Der Hund reagiert nicht nur auf unsere schwachen Momente, er erkennt deutlich unsere Stärken und diese gilt es zu nutzen. Wenn wir gut angeleitet mit ihnen arbeiten und eine dialogische Führung zeigen, können sich unsere Hunde besser entwickeln und wir erhalten eine echte Freundschaft.

Widerstandsfähigkeit fördern!

Empathie und Verbundenheit:

Hunde besitzen die einzigartige Fähigkeit, sich in Menschen hineinzuversetzen. Sie können in emotionalen Momenten Trost und Unterstützung spenden und so die Mensch-Hund-Bindung stärken.

Warum scheinen sich manche Hunde schneller von Misshandlungen, Vernachlässigungen und anderen negativen Einflüssen zu erholen, während andere durch weniger negative Einflüsse dauerhaft traumatisiert scheinen? Warum neigen manche Hunde zu Depressionen oder Zwangsstörungen und andere können schwierige Situationen scheinbar ohne psychische Probleme bewältigen?

Unser Zauberwort heißt Resilienz und stammt aus dem Lateinischen. Es bedeutet so viel wie an etwas abprallen oder zurückspringen. Resilient zu sein bedeutet, die psychische Widerstandskraft und die Fähigkeit zu besitzen, schwierige Lebenssituationen ohne große Beeinträchtigungen zu bewältigen. Neben diversen Faktoren, die dabei eine Rolle spielen, ist es unter anderem enorm wichtig, in welcher Mutterstube unser Welpe aufgewachsen ist.

VIDEO

Quality Time

Eine neue Studie hat entdeckt, dass Hunde beim Anblick ihrer Besitzer ähnliche Emotionen empfinden wie wir, wenn wir uns verlieben.

Die Art wie die Mutter ihre Welpen betreut steht in einem unmittelbaren und engen Zusammenhang mit der Widerstandsfähigkeit unserer Hunde. Ein hohes Maß an guter mütterlicher Betreuung, wie die Fellpflege und das Belecken, führt dazu, dass Welpen später weniger ängstlich sind und nach Stresserfahrungen niedrigere Stresshormonwerte aufweisen. Diese Verhaltensweisen kann man auch noch nach mehreren Generationen beobachten. Sie werden also an die Nachkommen generationsübergreifend weitergegeben. Bei Hunden wurde festgestellt, dass eine gute mütterliche Fürsorge mit folgenden Eigenschaften der Nachkommen in Verbindung gebracht wird: geringere Ängstlichkeit, weniger stereotype Verhaltensmuster, weniger Stressreaktionen in neuen Situationen sowie bessere Kontaktfreudigkeit, Konzentration und Verspieltheit.[1]

Die Widerstandsfähigkeit und Sozialisierung des Hundes lässt sich im Übrigen nicht auf einer Hundespielwiese erarbeiten. Einen Hund auf einer Hundewiese zu sozialisieren, lässt sich damit vergleichen, ein Kind in ein Haifischbecken zu werfen, damit es schwimmen lernt. Es ist besser, sich 2 bis 3 vernünftige Spielpartner auszusuchen und auch bei Welpengruppen darauf zu achten, dass man kleine überschaubare

1 Foyer, P.; Wilsson, E.; Jensen, P.: Levels of maternal care in dogs affect adult offspring temperament

Gruppeneinheiten vorfindet, die ausschließlich von einer erfahrenen Trainerin oder einem erfahrenen Trainer geführt werden. Eine gesunde Abwechslung aus kleinen Spiel- und Trainingseinheiten ist sinnvoll, um gefährliche Überforderungen zu vermeiden.

In den Brunnen gefallen

Wächst ein Hund ohne angemessene soziale, emotionale oder sensorische Stimulation auf, kann dies zu erheblichen Fehlfunktionen der Gehirnschaltkreise führen. Eine gute, abwechslungsreiche Umgebung hat daher gleich mehrere positive Effekte: neben einem verbesserten Immunsystem ist das Gehirn eines solchen Tieres größer. Eine gute Umgebung in der entscheidenden Entwicklungsphase scheint ein Puffer gegen Stress im späteren Leben zu sein, und es hat sich gezeigt, dass eine gut durchdachte Sozialisierung von Welpen Ängste deutlich verringert.[2]

Bei Hunden im Alter von 3 bis 5 Wochen kann eine früh angereicherte Umgebung einen nachhaltigen Einfluss auf die Fähigkeit des Hundes haben, in neuen Situationen zurechtzukommen. Erfahrungen und Lebensereignisse, die Hunde im Alter von 3 bis 12 Wochen, in der sogenannten sensiblen Phase, erleben, haben langanhaltende Auswirkungen auf das spätere Verhalten des erwachsenen Hundes. Es ist wichtig, darauf zu achten, dass Züchter sorgsam mit diesem Thema umgehen und gemeinsam mit der Mutterhündin und den Geschwistern eine gute Lernbasis schaffen. Erlebt der Welpe in dieser sensiblen Phase eine gute Zeit, wird er die Trennung von der Mutterhündin und den Geschwistern einfacher überstehen und stressfreier erleben.

Schlechte Lebensereignisse können sich negativ auf die Widerstandsfähigkeit des Hundes auswirken. So besteht eine höhere Gefahr für verschiedene Verhaltensthemen wie Aggression und Angst. So beispielsweise, wenn der Hund aus einer Zoohandlung stammt

2 Dudley, K. J.: Epigenetic mechanism vulnerabiltiy and resilence to disorders

(in Deutschland nicht mehr üblich). Eine Zwingerhaltung und Trennung oder Verlust des Hundemenschen sind für die meisten Hunde stark traumatisierend und verursachen große Angst. Zwinger- und Zoohandlungen sind schlechte Umgebungen, die Ängste stark begünstigen, und viele Welpen aus Zoohandlungen stammen leider immer noch von sogenannten Vermehrern und nicht von sorgsamen und erfahrenen Züchtern, bei denen die Fürsorglichkeit und Persönlichkeit des Hundes an oberster Stelle stehen.

Ebenso wirken sich aversive Hundetrainings negativ auf die Widerstandsfähigkeit des Hundes aus. In der Hundeverhaltensterminologie spricht man von einem »aversiven Reiz«, wenn etwas Unangenehmes dafür verwendet wird, ein unerwünschtes Verhalten des Hundes zu unterdrücken, zum Beispiel ein unangenehmes Geräusch (Klapperdosen, Trainerdisc, Schlüssel, Kronkorken, Schreien) oder eine körperliche Korrektur, die durch eine Korrektur mit einem Leinenruck, Schock- oder Stachelhalsband geschieht und mit Schmerzen verbunden wird.

Studien zeigen, dass körperliche Strafe ein großes Risiko für die Widerstandsfähigkeit eines Hundes ist. Dabei wurde ein Zusammenhang zwischen aversiven Trainingsmethoden und Angst, Aufmerksamkeitsdefiziten und Aggression festgestellt.[3]

Erst im vergangenen Jahr wurde ein Fall bekannt, bei dem ein Hundeschulleiter Welpen und Junghunde aufgefordert hatte, über eine offene Gasflamme zu springen. Obwohl die jungen Tiere dies nur widerwillig machen wollten, wurden sie seitens ihrer eigenen Hundehalter massiv dazu gedrängt. Ein deutlicher Vertrauensbruch – was sagt das über die Führungsqualität des Bindungspartners aus?

Es gibt Hunderassen mit einem bestimmten Genotyp. Der Genotyp beschreibt die Zusammensetzung

3 Quelle: Blackwell, E. J.: The relationship between training methods and the occurence of behavior problems, as reported by owners

der Gene eines Organismus und somit alle seine Erbinformationen. Durch den Genotyp werden Merkmale eines Lebewesens beeinflusst, er ist eine Art Ausstattung des Organismus. Diese Hunde sind in der Erziehung anspruchsvoll, zum Beispiel Malinois oder Hollandse Herder, um nur 2 zu nennen. Diese Hunde werden von ihren Hundeführern im Vergleich zu anderen Hunderassen, die diesem Genotyp nicht aufweisen, oft mit mehr Strafen und Gewalt erzogen. Man nimmt an, dass das schwierige Verhalten der Hunde die Hundeführer dazu veranlasst, aversive Erziehungsmethoden anzuwenden. Die Vermutung liegt nahe, dass es einen Zusammenhang zwischen Verhaltensproblemen und aversiven Trainingsmethoden gibt.[4] Genau diese Hunderassen würden aber einen souveränen und erfahrenen Hundeführer mit Ruhe und Geduld bei der Erziehung und Aufzucht benötigen.

So förderst du die Widerstandsfähigkeit deines Hundes

- Impulse und Emotionen des Hundes und des Menschen kontrollieren und steuern
- Positives Denken – optimistische Einstellung des Hundemenschen
- Situationen analysieren – auf das fokussieren, was funktioniert
- Situationen und Lernumgebung anpassen oder ändern
- Ziele gemeinsam verfolgen – gegebenenfalls anpassen
- Führkompetenz beweisen durch vorausschauendes Verhalten
- Körperlich ausgewogene Aktivitäten

Jobausschreibung

»Versuchen wir, das Beste eines jeden Lebewesens zu erkennen, den anderen im bestmöglichen Licht zu sehen. Diese Einstellung erzeugt sofort ein Gefühl der Nähe, eine Art Zugewandtheit, eine Verbindung.«

(Dalai Lama)

So, wie wir Erwartungen an das Zusammenleben mit Hunden haben, so haben Hunde Erwartungen an uns Hundemenschen. Im Grunde ist es Hunden völlig egal, wie wir aussehen, mit welchem Auto sie zu ihrer Lieblingsspielwiese gebracht werden und wie reich wir sind. Im Eingangsgespräch einer Kennenlernstunde frage ich die Hundemenschen häufig, was sie für Vorstellungen hatten, als sie sich ihren Hund nach Hause geholt haben. Meist sind es Ideen von sorgenlosen Spaziergängen im Wald, vom Tollen am Strand oder

4 Serpell, J.: Frühere Erfahrungen und die Entwicklung des Verhaltens, The domestic dog

von gemeinsamen sportlichen Aktivitäten. Man wünscht sich einen Begleiter, mit dem man durch dick und dünn gehen kann. Manche suchen sich gezielt einen Hund für ihre Hundesportträume aus. Aber welche Anforderungen stellt der Hund an uns, wenn wir ihn das erste Mal im Arm halten?

Wie gut Hunde uns beobachten und wahrnehmen, weiß man heute schon genau, das wurde eingehend untersucht. So sind Welpen schon ab der 8. Woche in der Lage, das Verhalten von uns Menschen zu lesen und auch zu interpretieren. Daher ist es in dieser sensiblen Phase ihres Lebens wichtig, ein gutes Vorbild zu haben. Eine Forschergruppe aus Budapest ließ Welpen dabei zusehen, wie die Mutterhündin eine Futterapparatur bediente, damit sie an das Futter gelangen konnte. Die Welpen waren ein paar Stunden später in der Lage, dieses Verhalten zu wiederholen. Hieran können wir nicht nur erkennen, wie gut Hunde beobachten und sich erinnern, sondern wie wichtig ihnen die Vorbildfunktion und das Nachahmungslernen sind.

Hunde haben uns gut im Blick und merken sich unsere Reaktionen genau. Das tun sie nicht, um uns zu ärgern, vielmehr geht es hier um Orientierung und Sicherheit. Unsere Reaktion entscheidet über Zutrauen und Misstrauen. Ein freundlicher und souveräner Umgang mit unseren Hunden ist daher unabdingbar. Wir müssen beweisen, dass wir in kritischen Situationen einen gemeinsamen Weg sehen und in der Lage sind, gute Lösungen zu finden. Wir können ihnen beibringen, wie man sich in unserer komplizierten Welt zu verhalten hat. In erster Linie ist es eine von Menschen dominierte Welt, mit unseren Vorstellungen. Daher haben wir ein hohes Maß an Verantwortung dafür, Hunden klar und verständlich beizubringen, wie man sich sicher darin bewegt. Hunde hätten andere Prioritäten und Ideen für diese Welt.

Ein Hund ist von uns Menschen abhängig, er hat keine andere Wahl. Er wird nie in der Lage sein, auf einer übergeordneten Ebene darüber nachzudenken, warum man sich nicht versteht. Er kann nicht an Seminaren zum Thema Mensch-Hund-Bindung teilnehmen. Nur der Hundemensch kann hier eine echte Veränderung herbeiführen, in dem er lernt, seinen Hund gut zu verstehen.

Genug weiß niemand, zu viel so mancher

Ein Schwank aus dem Hundeschulleben: Eines Tages kam ein Förster zu mir in den Unterricht und stellte mir seinen Border Collie vor. »Der ist verrückt«, sagte er mir eingangs.
Ich nenne hier die Berufsgruppe absichtlich, weil ich vorausgesetzt hatte, dass sich ein Förster mit Tieren und Natur auseinandergesetzt hat. Ich bot ihm einen Platz an, ließ den Hund aber auf dem Grundstück laufen, um ihn zu beobachten. Ich war gespannt darauf, zu erfahren, wie er zu der Erkenntnis kam, dass der Hund verrückt, ja dumm sei. Ich stellte mich auf viele Informationen zu Trainingsversuchen seitens des Hundehalters ein. »Der kann nichts! «, meinte der Förster. »Dumm ist er!« Ich fragte ihn, wie er darauf käme, und er teilte mir mit, der Hund würde im Wald jedem Menschen hinterherlaufen, nicht abrufbar sein und kenne kein »Sitz« und »Platz«. Ja, beobachten konnte ich einen explorativen Border Collie. Ich fragte den Förster, wie er denn geübt habe. Der Mann schaute mich mit tellergroßen Augen an, als sei ich verrückt und sagte: »Ja, was meinen Sie denn, ich habe mir doch einen Border Collie geholt, weil die angeblich so schlau sind, warum soll ich was mit dem üben?« Ich schaute mich um, war hier die »Versteckte Kamera«? Leider war es nicht so, es war eine falsche Annahme und Erwartungshaltung an den Hund. Er hat seinen Hund abgeben.

In der Hundeschule hören wir Hundetrainer uns in der Regel häufig die Klagen über die scheinbar negativen Eigenschaften des Hundes an. »Mein Hund reagiert nicht, wenn ich ihn rufe«, »Der Hund zieht an der Leine«, »Der Hund bellt Besucher an«. Diese Liste findet kein Ende. Die wenigsten Hundebesitzer denken daran, dass sie vielleicht selbst dazu beigetragen haben.

Welche Funktionskreise im Gehirn des Hundes springen an, wenn er sich so verhält? Wie wichtig ist der Mensch als Spiegel des Hundes? Haben wir etwa übertriebene Erwartungen an ein Zusammenleben mit Hund? Welche an den Hund gerichteten Botschaften sind bei unserem Vierbeiner völlig kontraproduktiv und bewirken genau das Gegenteil von dem, was wir uns von ihm wünschen?

Wer einen Hund sucht, der keinerlei Ansprüche hat, und eine Beziehung anstrebt, an der man nicht gemeinsam zu arbeiten braucht, wird am komplexen Lebewesen Hund keinen Spaß haben. Hunde können sich nur selten ihre Menschen aussuchen und auch nicht einfach so ausziehen und sich einen neuen Menschen suchen. Alle Lebewesen und eben auch unsere geliebten Vierbeiner benötigen einen verlässlichen Bindungspartner. Je besser wir auf die Bedürfnisse unserer Mitmenschen und Tiere achten, umso bessere Bindungen können wir eingehen.

Das eigene Verhalten gut zu reflektieren und sich eventuell auch die Hilfe eines guten Hundetrainers oder einer guten Hundetrainerin zu suchen, kann hier nur vorteilhaft sein. Ein guter Perspektivenwechsel verhilft zu einer neuen Kommunikationsebene und so ist man wieder in der Lage, mit dem Hund zu arbeiten.

Wie reagiert man dann im Hundetraining am besten darauf?

Das Training von unsicher gebundenen Hunden erfordert besondere Sensibilität und Geduld seitens ihrer Menschen und der Hundeschule. Hier folgen einige Strategien, die helfen können, das Vertrauen und die Bindung zu stärken und gleichzeitig effektives Training zu ermöglichen:

1. **Langsame Annäherung:** Gehe in kleinen Schritten vor. Überfordere den Hund nicht mit zu vielen Anforderungen oder neuen Situationen. Lass ihm Zeit, sich an neue Umgebungen und Menschen zu gewöhnen.
2. **Positive Verstärkung:** Nutze positive Verstärkung, um gewünschtes Verhalten zu belohnen. Das kann durch Leckerlis, Lob, Spiel oder Streicheleinheiten geschehen. Achte darauf, dass die Belohnung motivierend und für den Hund ansprechend ist.
3. **Routinen und Struktur:** Etabliere klare Routinen im Alltag. Struktur gibt Hunden Sicherheit und hilft ihnen, sich besser anzupassen. Regelmäßige Fütterungszeiten, Spaziergänge und Trainingszeiten schaffen Vorhersehbarkeit.
4. **Körpersprache und Kommunikation:** Achte auf deine eigene Körpersprache und versuche, offen und freundlich zu wirken. Vermeide plötzliche Bewegungen oder laute Geräusche, die den Hund erschrecken könnten. Versuche, auf seine Körpersprache zu achten und respektiere seine Grenzen.
5. **Kurze Trainingseinheiten:** Halte die Trainingseinheiten kurz und positiv, um Überforderung zu vermeiden. Beende jede Einheit mit einem positiven Erlebnis, auch wenn es nur ein kleines Erfolgserlebnis ist.
6. **Vertraute Umgebung:** Trainiere zunächst in einer vertrauten Umgebung, bevor du neue Orte einführst. Sobald der Hund sich sicher fühlt, kannst du schrittweise neue Orte integrieren.
7. **Soziale Interaktionen:** Fördere positive Interaktionen mit anderen Hunden und Menschen, aber zwinge den Hund nicht dazu. Lass ihm die Kontrolle darüber, wann und wie er sich anderen nähert.
8. **Vertrauensaufbau:** Verbringe qualitativ hochwertige Zeit mit dem Hund, ohne Druck auf ihn auszuüben. Spielen, spazieren gehen oder einfach nur zusammen entspannen: All das kann helfen, die Bindung zu stärken. Hundehalter sollten ihren Hunden nicht das Gefühl geben, sie seien in gefährlichen Situationen, auf der Hundewiese, in Spielgruppen, in Begegnungssituationen, schutzlos ausgeliefert.
9. **Individuelle Bedürfnisse berücksichtigen:** Jeder Hund ist anders. Achte auf die individuellen Bedürfnisse und Vorlieben deines Hundes. Manchmal kann es hilfreich sein, spezifische Aktivitäten oder Spielzeuge zu finden, die ihm besondere Freude bereiten.

Wenn es uns möglich ist, sollten wir von Anfang an an einer guten Mensch-Hund-Bindung arbeiten. Zunächst müssen wir als Mensch uns klar werden, was wir vom Familienzuwachs denn so erwarten. Ist die eigene emotionale Stabilität für die Erziehung eines pubertierenden Lebewesens gewährleistet? Wenn diese Fragen positiv beantwortet werden können, steht einer wundervollen Partnerschaft auf Augenhöhe nichts mehr im Weg.

Viele unserer gängigen Hundeausbildungen sind von der Vorstellung geprägt, Welpen und Junghunde gefügig zu machen, weil man befürchtet, dass sie sonst zu selbstständig werden. Das ist meiner Meinung nach ein Irrtum, schon allein aus dem Grund, da Welpen und Junghunde von Geburt an auf Kooperation ausgerichtet sind. Die jungen Hunde können dann zur Gefahr werden: Wenn sie schlechte Muster kopieren sowie zu lange überkooperieren. Dabei unterdrücken sie ihr eigenes So-Sein, um in den Augen anderer »perfekt« zu sein, die aus Angst vor Störungen rigide Grenzen setzen und so die Grenzen der Hunde verletzen.

Meiner Meinung nach müssen Hundemenschen nicht in erster Linie die Fähigkeit besitzen, einem Hund »Sitz« und »Platz« beizubringen. Vielmehr sind Abgrenzung, Lernverhalten, Stresslösungsverhalten und somit der stabile Bindungsaufbau wichtig. Dann hat man auch mal Respekt für den Affekt und reagiert als Hundemensch sicherer auf mögliche verhaltensoriginelle Kapriolen des geliebten Vierbeiners. Im normalen Hundealltag gelingt es dem Hundemenschen nicht immer so gut, ein sicherer Mensch zu sein. Ständig wird man vom Fokus weggeholt, abgelenkt und steht vielfach unter Druck. Das bedeutet, dass wir dem Hund damit zeigen, wie unruhig wir sind, wir bieten ihm dadurch weniger Sicherheit.

Menschen müssen lernen, zu sehen, was ihr Hund sieht

»Freude an einem Hund haben Sie erst, wenn Sie nicht versuchen aus ihm einen halben Mensch zu machen. Ziehen Sie stattdessen doch einmal in Betracht, selbst zu einem halben Hund zu werden.«

(Edward Hoagland)

VIDEO

Sehen, was der Hund sieht

Auf Spaziergängen kann man häufig sehen, wie Herrchen und Frauchen zwar mit dem Hund unterwegs sind, der Hund aber eher mit sich selbst beschäftigt ist. Das Gespann wirkt wie Individuen mit völlig unterschiedlichen Interessen, die mit einer Leine verbunden sind: Die Nase des Hundes klebt am Boden oder entgegenkommende Hunde und Menschen sind wichtiger, und der Hundemensch würde sich mehr Aufmerksamkeit seitens seines Hundes wünschen. Der Mensch ist hier nicht frei von Schuld; neuerdings laufen viele Menschen mit ihrem Handy vor dem Gesicht herum und konzentrieren sich nicht auf ihren Hund (und umgekehrt), der Hund ist quasi »abgemeldet«. Genau hier muss man ansetzen, um zu einer gemeinsamen Beziehung zu gelangen. Eine gemeinsame Welt bedeutet nicht, dass man nur noch aneinanderklebt und keiner von beiden, weder Hund noch Mensch, seine eigene Welt haben darf. Das Interesse an der Welt des anderen sollte aber gegeben sein.

Die **Verfügbarkeit** des Menschen muss gewährleistet sein, wenn der Hund der Kontaktsuchende ist – sei es per Blick, oder wenn sich der Hund hinter seinen Menschen stellt; dem Hund muss der Schutz und die Sicherheit auch gewährleistet werden. Aus schwierigen Situationen kann man seinem Hund helfen, indem man sich schützend vor ihn stellt, ihn mit der Hand aus einer Situation leitet und/oder ihm einen Richtungswechsel und eine höhere Distanz zum Objekt anbietet. Eine gelassenere und ruhige Grundhaltung seitens des Menschen bietet dem Hund einen sicheren Hafen, wie bei einer Person, an deren Schulter man sich gerne lehnt. Der Hund darf sich in stressigen Situationen an seinen Menschen wenden und sich bei ihm beruhigen.

Der Hund verliert im Kampf mit Facebook & Co.

Als ich in Karlsruhe gelebt habe, bin ich allmorgendlich in den Wald hinter unserem Haus spaziert. Auf einer großen Wiesenfläche konnte ich immer die gleiche traurige Szene beobachten. Eine Frau, mit Bluetooth-Kopfhörern im Ohr und ihrem Handy in der Hand,

stand immer wie angewurzelt auf der Wiese. Ihr Hund buddelte sich scheinbar in die Besinnungslosigkeit, und zwar während der ganzen einstündigen Spazierrunde, die ich mit meinem Hund drehte. Manchmal schaute der Hund auf, und manchmal griff er uns oder vorbeifahrende Fahrradfahrer an. In meinen Augen hatte er es komplett aufgegeben, mit seinem Frauchen zu kommunizieren. Sie hatte ihre scheinbar wichtigen Bürotelefonate auf die Gassirunde verlegt. Das war ein sehr trauriges Bild. Mir schien es wie ein Schrei nach Aufmerksamkeit des Hundes, der sich Arbeit angeschafft hatte, damit er nicht vor lauter Einsamkeit »vor die Hunde« ging.

Vermutlich hat das jeder schon mal gesehen: ein Hundehalter, scheinbar wie ferngesteuert, der sich nur mit sich selbst und seinem Handy beschäftigt. Ich nenne diese Menschen »Schlafwandler«, denn so sehen sie auch aus. Der Hund ist dabei nur schmückendes Beiwerk, der sich langsam aber sicher komplett selbständig machen muss, da sein Mensch für ihn offline ist.

Soziale Bindungen sind enorm wichtig, wenn die Welt da draußen verrücktspielt

Der Hund ist ein wichtiger Sozialpartner des Menschen. Wir Hundemenschen wollen und pflegen ein enges Verhältnis zum »Partner Hund«.

Hunde studieren unsere Körpersprache rund um die Uhr und vermutlich kennen sie uns besser als wir uns selbst. Sie erkennen, ob wir den Kontakt zu ihnen suchen oder ob wir geistig abwesend sind. Schaut der Mensch ständig auf das Smartphone, wird der Hund von ihm sozial isoliert.

VIDEO

Kein Anschluss unter dieser Nummer

Kein Anschluss unter dieser Nummer

»Ich habe einen Blick aus Hundeaugen gesehen, einen sich rasch verlierenden Ausdruck erstaunter Geringschätzung, und ich bin überzeugt, dass Hunde im Grunde denken, Menschen seien verrückt.«

(John Steinbeck)

Sicher hattest du auch schon einmal dieses gruselige Gefühl beim Gaststättenbesuch mit Freunden: »Ach, ich geh dann mal, merkt eh keiner« – denn alle starren wie gebannt auf ihre Smartphones. Es ist ein grausames Gefühl. Man wird völlig ignoriert. Das Handy nimmt uns die Konzentration aufeinander weg und es kann schnell zu einem Beziehungsproblem werden. Man ist geistig abwesend, hört nicht mehr zu und nimmt sein Gegenüber nicht mehr wahr. Nicht nur eine Katastrophe für die zwischenmenschliche Beziehung, unsere Hunde haben massiv darunter zu leiden. Nach einer Analyse der Plattform »App-Annie« verbringt der durchschnittliche Nutzer etwa 3,7 Stunden täglich im Internet und auf sozialen Netzwerken und schaut gut und gerne etwa 80- bis 100-mal auf sein Handy.

Gemeinsamer Spaziergang im Alleingang?

Der gemeinsame Spaziergang sollte einer der Höhepunkte des Tages sein. Herrchen und Frauchen schauen aber »festgetackert« auf ihre mobilen Geräte – auf diese Weise entgeht ihnen so manches. Hunde merken schnell, dass wir geistig abwesend sind, und werden sich dann immer mehr selbständig machen. Bei vielen Hunden stellt sich ein »Wie du mir,

1

2

3

4

5

Wenn ein junger Hund mit wehenden Fahnen auf einen zugestürmt kommt, sollte man ihn nie von sich stoßen oder das Bein aushebeln. Man kann sich freundlich auf seine Ebene begeben, um sich mit ihm zu freuen.

so ich dir«-Verhalten ein. Sie wollen uns dann nicht mehr zuhören. Warum auch? Wir haben sie ignoriert. Von der Gruppe ignoriert zu werden, kann in der Natur für Hunde zu einem ernsthaften und existenziellen Problem werden. Ignoranz führt unsere Vierbeiner in hohen emotionalen Stress. Welche Gefahrensituationen und Probleme können entstehen, wenn Hunde uns nicht mehr zuhören möchten und sich selbständig machen?

Ist der Hundemensch von seinem Smartphone zu sehr abgelenkt, fängt der Hund an, sich schnell für seine eigenen Dinge zu interessieren. Der Mensch wird zum langweiligen Anhängsel. Jagen und Pöbeln machen dann doppelt Freude und ergeben Sinn. Jagd- und Aggressionsverhalten schüttet Dopamin aus. Dopamin ist ein für das Belohnungssystem im Gehirn verantwortlicher Botenstoff. Endorphine, das sind Glücklichmacher, werden so produziert. Das Fatale dabei: Der Hund wird versuchen, davon immer mehr zu erhalten. Glücksgefühle kann man nie genug haben. Hundebegegnungen können so zu einem unerwarteten Spießrutenlauf werden. Extrem unangenehm ist das für entgegenkommende Menschen. Oft läuft der Hund schon viele Meter voraus, denn sein Mensch ist zu abgelenkt, um die Dinge, die vor ihm passieren, für das Team zu managen. Die Führungs- und Orientierungsperson ist in diesem Moment für den Hund nicht online. In manchen Fällen generiert sich so bald ein eindeutiges Verhaltensproblem des Hundes der Umwelt gegenüber. In anderen Fällen wird der Hund womöglich depressiv und nimmt fast nicht mehr am täglichen Geschehen teil.

Der Hund braucht einen klaren Teamleader, sonst kann er depressiv werden

Forscher aus England haben in einer Nebenstudie herausgefunden, dass Hunde depressiv werden können, wenn sie keinen klaren Teamleader haben. In einer Studie ging es darum, wie Hunde uns Menschen aus der Depression helfen können. Aufgefallen war ihnen dann, dass Hunde depressiv, ängstlich und unsicher werden, wenn ihre Menschen sich zu intensiv mit ihrem Smartphone, Tablet oder PC beschäftigten. Hunde fühlen sich in solchen Fällen ins soziale »Aus«

geschossen. Sie nehmen nicht mehr am gemeinsamen Gruppengeschehen teil, was aber für hochsoziale Lebewesen wie unsere Haushunde überlebenswichtig ist.

Deshalb sollte man unbedingt die leitende Führungsrolle in der gemeinsamen Gruppe wahrnehmen. Hunde wollen Kontakt zu ihrem Menschen, um sich zu vergewissern, Feedback zu erhalten und Sicherheit abzuholen. Der Mensch muss alle wichtigen Entscheidungen für das gemeinsame Team treffen und nicht der Hund!

Kann das nicht mal warten?

In der Regel gibt es keine Anrufe oder Nachrichten, die nicht warten können, es gibt nur wenige wirkliche Notfälle. Die Gassizeit gehört einzig und allein unserem

Hund. In der gemeinsamen Zeit ist es für beide schöner, das Smartphone lautlos zu stellen. Viele Menschen leben heute mit ihrem Vierbeiner in der Stadt. Diese ist zunehmend von einer Digitalisierung und Überinformation betroffen, so verlernen Menschen, aber auch unsere Hunde, zuzuhören, und werden in ihrer Bindungsfähigkeit eher oberflächlich. Nicht nur wir Menschen erleben eine Informationsflut, Hunde leiden zunehmend darunter. Menschen verlieren wichtige Sozialkontakte, diese beschränken sich nunmehr auf das World Wide Web. Für den Hund hingegen sind Sozialkontakte wichtig, auch wenn es eben nur sein Mensch ist.

Menschen, die durch die Nutzung unserer medialen Welt sozial verarmen, leiden an Depressionen, Angststörungen und Burnout. Immer mehr Depressionspatienten schaffen sich einen Hund an, damit sie einen Sozialpartner haben, der ihnen bei der Therapie helfen soll. An sich ein schöner Gedanke. Hunde sind aber derartig an uns gebunden und spiegeln häufig unsere Seele, sodass sie ebenso an Depressionen, Angststörungen und Burnout leiden können. In der Verhaltensberatung haben wir häufig Hunde und Menschen mit den gleichen Verhaltensauffälligkeiten vorgefunden. In einer solchen Konstellation ist es sinnvoll, der erfahrenen Verhaltensberaterin oder dem Verhaltensberater davon zu berichten. Im Falle einer psychischen oder physischen Erkrankung gibt es gut geschulte Tiere. Hier kann man sich beraten lassen und den passenden tierischen Begleiter finden.

Zuhause beginnt unser neues Draußen!

Eine schöne gemeinsame Zeit im trauten Heim ist etwas Wundervolles. Wenn der Hund aber zuhause besonders anhänglich ist, sich ständig die Aufmerksamkeit seines Menschen erbettelt, auf den Füßen liegt oder immer wieder Spielzeug anschleppt, versucht er, uns jederzeit zu aktivieren, wann immer er es gerade braucht.

Beim nächsten Spaziergang im Wald oder auf der Hundewiese soll sich der Hund nun an unsere „Spielregeln“ halten, gut erzogen jede Begegnung und jeden Reiz mit einem Schulterzucken abtun und dabei jederzeit abrufbar sein. Wie soll er in dieser Natur, wo es so viele Ablenkungen gibt, ansprechbar sein, wenn er sich zu Hause an keine großartigen Regeln halten muss und so etwas wie der Nachrichtenchef der Sendung ist?

Die meisten Hunde stehen in der Wohnung in einem zu hohen Kontakt zu ihrem Menschen, sodass sie draußen im Wald einfach abschalten. Wenn die Bedürfnisse im Haus schon mehr als genug gedeckt werden, warum sollte der Hund diese dann draußen wahrnehmen wollen, wenn es doch mehr andere interessante Möglichkeiten gibt?

Zuhause kann man mit kleinen Mitteln bedeutende Umstellungen und Verbesserungen für die Mensch-Hund-Bindung vornehmen. Dabei ist weniger mehr. Keine Angst, wir müssen nicht komplett auf den Kontakt in der Wohnung verzichten. Im Homeoffice oder bei der Hausarbeit einfach mal Fünfe gerade sein lassen: Der Hund darf sich auf seine **Ruhedecke** legen oder wird bei der Wohnungsreinigung für eine Weile nicht beachtet. Kleinigkeiten entscheiden schon darüber, ob der Hund in der Außenwelt mehr Kontakt zu seinem Menschen sucht.

Einem Hund den Kontakt im Haus komplett zu verwehren oder ihn völlig zu ignorieren, halte ich allerdings für moralisch verwerflich und auch kontraproduktiv. Für einen Welpen beispielsweise ist es völlig normal, dass er der Mutterhündin auf Schritt und Tritt folgt. Dies wird der junge Hund in seiner neuen Umgebung zunächst auch erst einmal tun. Es handelt sich hier um den natürlichen Folgetrieb, den der junge Hund noch eine ganze Weile hat. Ein Welpe braucht in den ersten Wochen unbedingt die Nähe zum Menschen.

Vorsicht, wenn es nicht deine Regeln sind! Ganz klar, es braucht einen Grundstock an Regeln für ein harmonisches Zusammenleben. Trotzdem halte ich nichts von pauschalen Hausstands-/Regeln, häufig sind sie sogar Gift für die Bindung. Mit pauschalen Hausstands-/Regeln ist beispielsweise gemeint, ob der Hund auf die Couch oder in das Bett seiner Menschen darf. Es entstehen Missverständnisse und selten werden sie konsequent eingehalten. Es sind häufig die Regeln eines Trainers oder gut gemeinte Ratschläge anderer Hundehalter, also nicht die eigenen. Eigene aufgestellte Regeln kann man meist gut und konsequent umsetzen.

Es spricht fast nichts dagegen, einen Hund mit auf die Couch oder in das Bett zu nehmen. Wenn einen die Haare im Bett nicht stören, der Besuch nicht von der Couch geknurrt wird, warum nicht? Wenn das funktioniert, ist es völlig in Ordnung. Sollte man einen Vierbeiner haben, der auf der Couch dann doch John Wayne mit Schulterpolstern spielt, dann kann man ihn konsequenterweise vom Sofa befördern – am besten für immer! Pauschal sollte man hier keine Aussage treffen. Wenn man ein echtes Team sein möchte, braucht es mehr als nur ein paar pauschale Regeln. Man sollte sich immer die Frage stellen, was für ein Lebewesen der Hund ist, welche Bedürfnisse er hat und wie wir hier zueinanderfinden. Unser modernes und schnelllebiges Leben ist für viele Hunde eine echte Herausforderung.

Was ist, wenn ich mal keine Zeit habe?

»Mit der Zeit wird die Zeit immer wichtiger«

(Berthold Brecht)

Die Zeit, die wir intensiv miteinander erleben können, ist wertvoll; hier lernen wir unseren Bindungspartner erst richtig kennen. Verhalten lässt sich so besser voraussagen und bringt im gemeinsamen Leben eine gewisse Vorhersehbarkeit und Sicherheit. Mit einem unsteten Partner ein Team zu bilden, ist fast unmöglich. Vertrauen und Kontinuität ist Hunden wichtig.

Wir leben in Zeiten, in denen Menschen viel arbeiten müssen und ihre Hunde deshalb häufiger in Hundetagesstätten und bei Hundesittern abgeben oder mit Freunden und Verwandten teilen. Der junge Hund hat kaum eine Möglichkeit, sich sicher und gut in seiner künftigen Familie einzugewöhnen, wenn er ein paar Tage nach seinem Einzug bereits an andere weitergereicht wird. Die Zeit, sich zuhause und in seiner Familie eingewöhnen zu können, sollte man ihm bieten können, bevor er einem weiteren Menschen vertrauen kann.

Wenn er auch gleich mit jedem anderen Hund in der Hundetagesstätte spielt, ist er der Held in der Gruppe, nicht der Hund, der trauert. Dabei ist der trauernde Hund ein sicher gebundener Hund, der erst einmal eine neue Bindung zu einer weiteren Person aufbauen muss. Der schnell eingewöhnte Hund ist eher ein bindungsvermeidender Hund. Wichtig ist, in einer Hundetagesstätte darauf zu achten, dass es eine kleine Hundegruppe ist bzw. es am besten nur wenige zu betreuende Hunde gibt, damit der Hund sich stressfreier und besser in die neue Situation einfügen kann. Die Betreuer der Hundepension sollten für eine ständige Beobachtung anwesend sein. Wenn die Hunde jung sind und in ein System kommen, in dem sie von verschiedenen Menschen versorgt werden, kann es schwieriger für sie sein, eine selektive Bindung zu einem Menschen aufzubauen. Eine Hundetagesstätte oder Hundepension mit gut ausgebildeten Menschen kann meiner Meinung nach für einen Hund eine gute Möglichkeit sein. Wenn er dann hier gute Erfahrungen machen darf, verinnerlicht er diese ein Leben lang als Schutzfaktor. Auch kognitiv kann er sich so gut entwickeln. In der Form hätte es dann positive Effekte für den Vierbeiner.

Kapitel

3

BINDUNGS-ORIENTIERTE ERZIEHUNG

„Kaum etwas führt mehr zu einer starken und dauerhaften Beziehung, wie das Zeigen von echter Wertschätzung."

Nadia Winter

Die sichere Basis ist eine dialogische Führung

Bindung entsteht durch eine sichere Basis und einen gemeinsamen Alltag. Ist eine gute Bindung vorhanden, fällt es dem Hund bedeutend leichter zu lernen und Geübtes zu festigen. Bindung ist wichtig. Aber wenn man versucht, daraus eine Erziehungsmethode abzuleiten, ist das sicher schwierig. In Bezug auf die Lösungsorientierung des Hundes zeigt der bedürfnisorientierte Stil sicher die besseren Ergebnisse. Doch Erziehung und Bindung sind zunächst einmal 2 Paar Schuhe.

VIDEO

Freude und Kommunikation

VIDEO

Dialogische Führung

Wichtig ist, dass die Beziehung warmherzig und authentisch ist. Sicher kann man sagen, dass die meisten Erziehungsstile zu einer sicheren Bindung führen können, dabei ist Feinfühligkeit der Schlüssel. Wenn ein Welpe eine gute Mutterstube genießen durfte und die Elterntiere sichere und einfühlsame Eltern mit einer geringen Stressumgebung waren, zeigen die Welpen höhere Oxytocinwerte und sind in der Regel bindungsfähiger als die Nachkommen einer Mutterhündin, die ihre Welpen allein unter Stress aufziehen musste, wie zum Beispiel in einer Höhle in Rumänien. Diese Hündin ist den ganzen Tag auf der Suche nach Nahrung, um ihren Wurf durchzubringen. Sie kommt daher wenig bis gar nicht zu Schmuseeinheiten und zur Pflege der Welpen. Das Kuschel- und Partnerschaftshormon Oxytocin wird damit weniger weitergegeben, und diese Welpen können später massive Bindungsprobleme entwickeln.

Eine Überbehütung hingegen behindert die Selbstständigkeit und somit die Lösungsorientiertheit des Hundes. Sie führt in die sogenannte erlernte Hilflosigkeit und schafft eine unangenehme Abhängigkeit zum Menschen. Wenn ein Hund vor etwas Angst hat, glaubt sein Hundemensch oft, für ihn alles regeln zu müssen. Der Hundemensch geht zum Beispiel nicht mehr dort Gassi mit dem Hund, wo es Fahrzeuge gibt, wenn der Hund eine Furcht vor Fahrzeugen zeigt. Hundehalter übernehmen die Ängste ihrer Hunde und fördern dadurch Vermeidungsverhalten. Eher sollte man Hunden schrittweise die »gruseligen« Situationen vertraut machen und diesen wohldosiert und anfangs mit hoher und für den Hund erträglicher Distanz aussetzen. In unserer Welt wird es solche Situationen immer wieder geben und wir sollten unsere Hunde so gut wie möglich darauf vorbereiten.

Davor ist es jedoch immer wichtig, die Bindung zu stärken. Ich setze meine Hunde nichts aus, sondern führe sie gemeinsam mit mir und ruhig durch die Hürden des Alltags. Unangemessene Ängste sind häufig ein Produkt einer unsicheren Bindung und wenn man vor allem Angst hat, kann man kein entspanntes Leben führen. Eine ruhige, geradlinige Ausstrahlung und ein sicheres dialogisches Führungsverhalten helfen dem Hund, entspannter zu leben. Das Gute ist: Die Beziehung zum Hund kann uns helfen, diese Fähigkeiten zu erlernen. Wieder weniger mit dem Kopf und mehr mit dem Bauch fühlen und denken lernen, ist wichtig. Wenn Hunden so Sicherheit gegeben wird, wird die Verantwortung nicht

am nächsten Hundeschultor abgegeben. Der Hund wird gerne sein unsicheres Zepter abgeben und sein Vertrauen in die Hände seines Menschen legen. Er wird sich besser verhalten können und positiver wirken. Hunde lieben freundliche und sichere Menschen, die eine klare Kommunikation zeigen. Menschen, die nicht gut belastbar sind und stressanfälliger reagieren, sollten sich einen Hund suchen, der einfach und ruhig ist, und sich präventive Trainingshilfe bei einem guten Hundeverhaltensberater suchen. Übertrage deine Ruhe und Gelassenheit auf den Vierbeiner.

Was ist eine bindungsorientierte Erziehung?

Bindungsorientierte Erziehung bei Hunden ist ein Ansatz, welcher den Aufbau einer starken, positiven Beziehung zwischen Hunden und Menschen in den Mittelpunkt stellt. Diese Art des Umgangs und Trainings basiert darauf, dass eine vertrauensvolle Bindung zwischen Menschen und Hunden die Grundlage für ein erfolgreiches Training und ein harmonisches Zusammenleben bildet. Die Kernprinzipien einer bindungsorientierten Erziehung sind:

1. **Vertrauensaufbau:** Ziel ist, das Zutrauen des Hundes in seinen Menschen zu stärken. Dies geschieht durch positive Interaktionen. Die gemeinsamen Erfolgserlebnisse vermitteln dem Hund Sicherheit und Stabilität.
2. **Positive Verstärkung:** Anstatt auf Bestrafung zu setzen, wird bei der bindungsorientierten Erziehung auf die positive Verstärkung gesetzt. Das bedeutet, dass erwünschtes Verhalten durch vielfältige Belohnungsmöglichkeiten gefördert wird. Das motiviert den Hund und stärkt gleichzeitig die Bindung. Klare Regeln und faires Durchsetzen dieser gehören aber auch dazu!

3. **Einfühlungsvermögen:** Der Hundemensch versucht, die Perspektive und die Bedürfnisse des Hundes zu verstehen. Indem man auf die Körpersprache und die Signale des Hundes achtet, kann man besser auf seine emotionalen und physischen Bedürfnisse eingehen.
4. **Rituale und Routinen:** Eine strukturierte Umgebung mit klaren Routinen schafft Sicherheit für den Hund. Rituale wie regelmäßige Fütterungszeiten, Spaziergänge und Trainingseinheiten helfen, Vertrauen aufzubauen.
5. **Emotionale Unterstützung:** Bindungsorientierte Erziehung fördert das emotionale Wohlbefinden des Hundes. Der Hundehalter bietet Unterstützung in stressigen Situationen und hilft dem Hund, sich zu beruhigen. Der Hund benötigt einen Menschen, der ihm Sicherheit und Ruhe vermittelt. Jedoch kein Mitleid.
6. **Gemeinsame Aktivitäten:** Gemeinsame Erlebnisse, abwechslungsreiche Spaziergänge und Aktivitäten wie Hundesport, Tricks lernen oder einfach nur Spielen stärken die Bindung. Diese positiven Erlebnisse fördern ein Gefühl von Teamarbeit und Zusammengehörigkeit.
7. **Sanfte Sozialisation:** Die Sozialisation erfolgt in einem behutsamen und positiven Rahmen. Der Hund wird nicht zu sozialen Interaktionen gedrängt, sondern kann in seinem eigenen Tempo neue Erfahrungen sammeln.
8. **Individuelle Anpassung:** Jeder Hund ist einzigartig, und bindungsorientierte Erziehung berücksichtigt die individuellen Bedürfnisse und Charakterzüge des Hundes. Der Halter passt die Trainingstechniken und Ansätze an den jeweiligen Hund an.

Früh übt sich ...

Ein Besuch beim Tierarzt gehört zu den unvermeidlichen und wichtigen Pflichten eines jeden Hundemenschen. Es sind die Vorsorgeuntersuchungen, Impfungen, Behandlungen von Krankheiten oder Verletzungen, die das Wohlbefinden unserer Haustiere auf den Prüfstand stellen. Auch, wenn wir es gut mit unserem Tier meinen und nur auf sein Wohl aus sind, auf den Vierbeiner wirkt ein Besuch beim Arzt erst einmal beängstigend. Der Tierarztbesuch ist oft mit enormem Stress, mit Angst und Unsicherheiten verbunden.

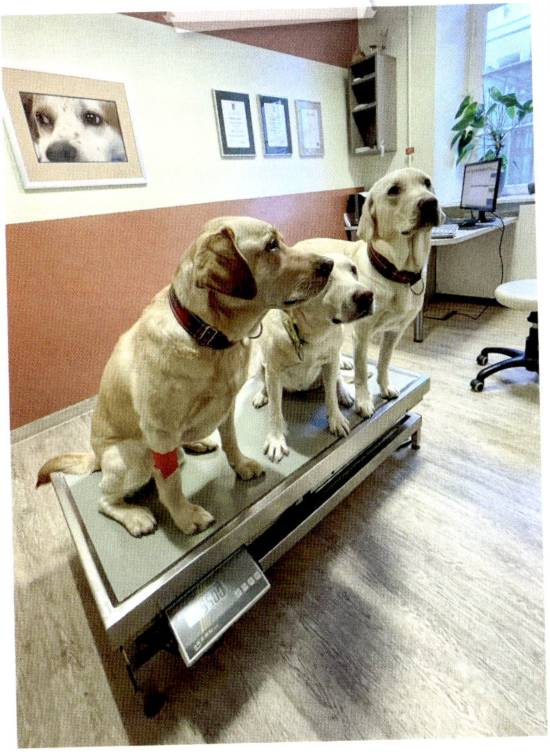

VIDEO

Tierarztbesuch

Eine Vielzahl an Faktoren trägt dazu bei, dass sich der Besuch für den Vierbeiner als belastend herausstellt. Doch zum Glück gibt es zahlreiche Möglichkeiten, um die Angst des Hundes zu lindern, den Besuch insgesamt stressfreier zu gestalten und die Bindung nicht unnötig zu belasten.

Eventuell kann man bereits vor der ersten tierärztlichen Behandlung mit dem Vierbeiner einige Male die Tierarztpraxis besuchen, um ein paar Leckerlis zu verspielen und etwas positive Zeit in der Umgebung zu verbringen. Die erlangte vertraute Atmosphäre erleichtert den ersten Tierarztbesuch. Zum Termin selbst kann man beispielsweise für den Hund vertraute und geliebte Gegenstände mitnehmen. Die aufgebaute Ruhedecke oder ein Lieblingsspielzeug kann eine äußerst wirkungsvolle Methode sein, um dem Hund in der ungewohnten Umgebung der Tierarztpraxis ein Gefühl von Sicherheit zu vermitteln. Hunde sind Gewohnheitstiere, die stark auf vertraute Gerüche und Gegenstände reagieren, da diese eine direkte Verbindung zu ihrem sicheren Zuhause und ihrer Komfortzone herstellen. In einer fremden Umgebung wie einer Tierarztpraxis, die oft mit beängstigenden Gerüchen und Geräuschen und anderen Tieren konfrontiert, kann ein vertrauter Gegenstand helfen, den Stress erheblich zu reduzieren. Die Sympathie zum Tierarzt ist nicht nur für uns Menschen wichtig. Die Wahl einer Praxis, in der man sich als Hundehalter wohlfühlt, spielt eine entscheidende Rolle für das Wohlbefinden des Hundes. Der Hund kann intuitiv spüren, ob der Mensch als Vorbild Vertrauen in den Tierarzt hat oder ob er unsicher und gestresst ist. Dieses sensible Gespür beeinflusst das Verhalten des Hundes während des Praxisbesuchs maßgeblich.

Unmittelbar nach der Behandlung kann man dem Hund ein gutes Jackpot-Leckerli geben. Ist der Hund im Stress, wird er womöglich nicht kauen können, hier sind Schleckpasten sinnvoll. Nach dem Aufenthalt in der Tierarztpraxis kann man draußen spielen oder einen schönen entstressenden Spaziergang unternehmen. So verknüpft das Tier den Tierarztbesuch mit etwas Positivem.

Als die Beziehung zu unserem sensiblen Hund Marley frisch war, stand ein unangenehmer Tierarztbesuch bevor. Marley wurde als Welpe an der Blase punktiert. Er ist mit Freude und in Erwartung an ein gemeinsames Spiel auf den Behandlungstisch gehüpft, hat sich sogar ruhig und freudig in die Röntgenschale gelegt und wurde dann mit einer Spritze in die Blase punktiert. Er ist mit einem Satz vom Tisch gehüpft, hat jämmerlich geweint und die Ohren hängen lassen. Sein Blick sagte eindeutig: »Wie konntest du das zulassen?« Ich habe mir Marley sofort geschnappt, bin zur Spielzeugwand der Praxis gelaufen und habe sofort mit ihm gespielt. Trotz dieser Erfahrung, und Marley ist nachtragend, geht er heute immer noch gerne zum Tierarzt. Etwas Negatives hat er nicht mitgenommen.

Tipp:

Ein anschauliches Buch mit exakten Anleitungen zum Thema Medical Training für Hunde gibt es von meiner Kollegin Susanne C. Steiger im Handel.

»Die Berührung ist das Fundament jeder Beziehung, der Beziehung zu anderen und zu sich selbst.«

(Emmi Pikler)

Die emotionale Verbindung zwischen Menschen und Tieren ist tief und vielschichtig. Für Hunde sind wir Menschen wichtiger als andere Lebewesen. Hunde sind äußerst empfindlich gegenüber der emotionalen Zustände ihrer Halter. Wenn ein Hundemensch nervös, angespannt oder aufgeregt ist, kann sich diese emotionale Verfassung auf den Hund übertragen und dessen eigene Angst und Stress verstärken. Hunde sind in der Lage, subtile Veränderungen in Körpersprache, Stimme und sogar im Geruch ihrer Hundemenschen wahrzunehmen. Es ist daher wichtig, dass der Mensch ruhig und souverän bleibt.

Nicht jeder Hundehalter hat die Chance, seinen Hund bereits als Welpen daran zu gewöhnen, sich gut und gerne durch Menschen anfassen zu lassen. Aber auch später noch ergeben sogenannte Handling-Übungen großen Sinn.

Es ist denkbar einfach, einem jungen Hund beizubringen, sich gerne anfassen zu lassen. Liebe geht bekanntlich durch den Magen, daher ist es am besten, wenn man anfangs gute Leckerlis verwendet. Zudem helfen viel Lob und eine freundliche Stimme dem Vierbeiner, sich wohlzufühlen, wenn Menschenhände ihn berühren. Vorausschauend diese Berührungen zu erarbeiten, hilft dem jungen Hund, viele komischen und unsicheren Handlings der kommenden Jahre besser zu ertragen.

Beginne jetzt

Je jünger dein Hund ist, umso schneller und besser wird er diese Übungen gerne mit dir mitmachen. Sie werden lebenslang immer mal wieder wiederholt.

Beginne zuhause

Starte in reizarmer Umgebung zuhause und am besten nach und nach mit allen Familienmitgliedern unter deiner Anleitung. Dann dürfen auch mal fremde Menschen die eine oder andere Übung mit deinem Hund machen. So bereitest du ihn auch gut für den Tierarzt vor und dein Hund ist dir sicher dankbar.

Verwende Futter

Du kannst einen Teil seines Futters verwenden oder gute Leckerlis. Dann, wenn du die Übungen machst, gibt es aus der Futterschüssel ein paar seiner Futterbrocken.

Langsam und schnell

Wenn dein Hund sich an diese Übungen gewöhnt hat, kannst du die Geschwindigkeiten anpassen. Selbstverständlich machst du immer schöne Pausen zwischen den einzelnen Handling-Sitzungen.

Augenkontakt

Schau dem Hund in das linke Auge und gib ihm ein Futterstück, dann schau ihm in das rechte Auge und gib ihm wieder Futter. Dann schau in beide Augen und gib ihm 2 Futterstücke.

Ohren

Schau in beide Ohren und gib ihm für jedes Ohr ein Leckerli.

Festhalten/Umarmen

Umarme deinen Hund kurz und gib ihm 2 Leckerli. Locke deinen Hund in deine Arme und gib ihm ein Futterstück, wiederhole das.

Schnauze

Öffne das Maul, schau dir die Zähne an, und gib deinem Hund ein Futterstück.

Hinterteil

Heb den Schwanz hoch und zupf leicht an den Haaren, dafür gibt es 2 Leckerlis.

Halsband

Leg deinem Hund ein Halsband an und gib ihm ein Futterstück. Wiederhole das mehrfach. Manche Hunde zwicken oder beißen, wenn fremde Menschen an ihr Halsband gehen, trainiere mit einem guten Futterstück.

Pfoten

Fasse alle 4 Pfoten an und gib deinem Hund ein Futterstück pro Pfote. Ziehe die Pfote dabei bitte nicht zu weit hoch.

VIDEO

Berührungen üben

Konditionierte Entspannung

Es wird viele Situationen im Leben des Hundes geben, in denen du dir wünschst, du hättest die Möglichkeit, dass er sich entspannen kann oder gar nicht erst in Stress gerät. Dir ist der Begriff »konditionierte Entspannung« sicher schon einmal begegnet. Mit der konditionierten Entspannung bin ich vor 20 Jahren das erste Mal in Berührung gekommen, als ich einen Wurf Kangalwelpen mit Mutterhündin aus schlechter Haltung übernommen habe. Die Mutterhündin wollte von ihren Welpen nichts mehr wissen. Diese haben uns anfangs schön auf Trapp gehalten, waren wir damals doch Anfänger im Hundehalten. Natürlich haben die Welpen nach ihrer zu jungen und unerfahrenen Mutter geschrien und hatten Hunger. Die Hündin weigerte sich. Wir mussten die Welpen mit der Flasche per Hand aufziehen.

Immer dann, wenn wir die 13 Welpen gefüttert haben, haben wir sie uns in den Schoß gelegt und mit der Flaschengabe das Lied »La-Le-Lu« gesungen. Die Welpen sind dann friedlich eingeschlafen. Eine Kangalhündin aus diesem Wurf haben wir behalten. Wenn es mal stressige Situationen gab, habe ich »La-Le-Lu« geträllert und meine Hündin ist sofort ruhig geworden. Hundebegegnungen waren kein Problem mehr, die Hündin beruhigte sich sofort und blieb mit ihren Augen bei mir. Damals wusste ich noch nicht, dass es so etwas wie eine konditionierte Entspannung gibt, aber unsere Methode hatte funktioniert und heute kann ich nur jedem empfehlen, dies so früh wie möglich zu trainieren.

Der Prozess beruht auf klassischen und operanten Konditionierungstechniken und beinhaltet, dass der Hund lernt, bestimmte Kontexte mit Entspannung und Ruhe zu assoziieren. Hunde sind Lebewesen, die auf die Momente ihrer Menschen und ihrer direkten Umwelt sensibel reagieren können. Die konditionierte Entspannung kann ihnen dazu verhelfen, ihrem direkten Umfeld mit Entspannung und Wohlbefinden zu begegnen. Möglichkeiten sind, ein Wort, das man quasi immer dabeihat, wie »Ruhe« oder »Easy«, zu konditionieren oder ein professionelles Gerät zu verwenden. Wir haben seit vielen Jahren beides in petto. Für unsere Wohnmobiltouren oder Seminare hat sich das sogenannte »Relaxopet« bewährt. Es ist ein Gerät mit USB-Anschluss, das ca. 8 Stunden lang einen beruhigenden, eintönigen Sound abspielt.

Hier sind die einzelnen Schritte, um **konditionierte Entspannung** bei Hunden zu erarbeiten:

1. **Ruhiger Ort und Zeitplan:** Wähle einen ruhigen, ablenkungsfreien Ort, um mit dem Training zu beginnen. Finde eine Zeit, in der dein Hund entspannter ist, zum Beispiel nach einem Spaziergang oder nach dem Spielen. Der Hund kann dösen, sollte aber nicht schlafen.

VIDEO

Beruhigung mit Tönen

2. **Beruhigende Umgebung:** Schaffe eine entspannende Atmosphäre. Am besten hat dein Hund schon einen ausgiebigen Spaziergang hinter sich. Du kannst sanfte Musik abspielen (beispielsweise aus dem »Relaxopet«) oder beruhigende Düfte verwenden, die dem Hund helfen, sich zu entspannen. Dazu können etwa Lavendel, Rose, Kamille und Zirbe gehören. Wichtig ist: Der Duft muss auch dir gefallen. Wenn du dich nicht entspannst, kann es der Hund auch nicht.
3. **Konditionierung durch positive Verstärkung:** Beginne mit einfachen Entspannungsübungen. Geht der Hund auf seine Decke, belohne deinen Hund, wenn er sich ruhig hinlegt.
4. **Verwendung von Entspannungssignalen:** Führe ein bestimmtes Signal oder Wort ein, das du in Verbindung mit der Entspannung verwenden möchtest. Beispiele dafür wären »Ruhe« oder »Easy«. Jedes Mal, wenn dein Hund sich entspannt, sagst du das Entspannungswort.
5. **Progressive Entspannung:** Du kannst mit kurzen Zeiträumen der Entspannung beginnen und diese allmählich verlängern. Belohne deinen Hund für jedes Mal, wenn er ruhig bleibt. Wenn er nervös wird oder nicht entspannt bleibt, gehe einen Schritt zurück und reduziere die Anforderungen. Für den Aufbau einer zusätzlichen Ruhedecke kannst du das Ruhedeckentraining konditionieren, mehr auf Seite 77.
6. **Konditionierung in verschiedenen Situationen:** Mach die Entspannungsübung in verschiedenen Umgebungen und Situationen, damit dein Hund lernt, sich in unterschiedlichen Kontexten zu entspannen, zum Beispiel bei Besuch, beim Autofahren, bei Geräuschen.

Tipp:

Es empfiehlt sich sehr, am Anfang das Signal oder das verwendete Gerät immer mit einer ruhigen Umgebung zu verbinden und die Konditionierung regelmäßig zu wiederholen.

Wenn unsere Hunde im Wohnmobil bemerken, dass wir das Gerät einschalten, bleiben sie völlig entspannt auf ihren Plätzen liegen. Schalten wir das Gerät nicht ein, gehen sie direkt zur Wohnmobiltür und wollen angeleint werden. Diese konditionierte Entspannung kann ich mit auf Spaziergänge oder in Seminare nehmen. Darauf zu achten ist, das Gerät nicht immer erst dann zu verwenden, wenn es donnert oder unangenehme Situationen passieren. Der Hund lernt sonst, dass diese Töne Unheil vorhersagen können. Das ist natürlich nicht Sinn und Zweck der Übung.

Komm bald wieder

Ein wichtiges Thema, das uns zeigt, wie sehr wir uns vertrauen, ist das »Alleinbleiben«. Der Hund lernt im zarten Welpenalter, in dem er ja noch ein Baby ist, dass er sich auf uns verlassen kann und wir immer wieder kommen werden. Der noch junge Hund braucht unsere Hilfe und gerade zu anfangs ist es völlig normal, dass er da sein möchte, wo wir auch sind. Keine Angst, er bewacht uns nicht auf Schritt und Tritt. Er lernt uns und unsere Verhaltensweisen kennen. Der natürliche Folgetrieb verliert sich schneller als uns lieb ist.

Ein Welpe muss lernen, dass er auch ohne uns in seinen 4 Wänden zurechtkommt. Entspannt zuhause zu warten hat viel mit Vertrauen in seinen Menschen zu tun. Vertrauen wächst, in dem wir uns besser kennenlernen.

Den Welpen in der Wohnung völlig zu ignorieren oder von sich zu stoßen, ist schädlich für die Bindung und wird auch Folgen für das Alleinbleiben haben. Ein vorsichtiges und umsichtiges Alleinsein-Training wird kleinschrittig aufgebaut. Hier helfen dir die zuvor beschriebenen Tipps zur »Konditionierten Entspannung«.

Kapitel

4

WIE GESTALTE ICH DAS ZUSAMMEN-LEBEN?

»Es liegt ganz bei dir, ob und inwiefern du zulässt, dass eine Erfahrung, Begegnung oder ein Umstand dich von innen heraus berührt und beeinflusst. Verantwortung hat etwas mit Antwort (und nicht mit Schuld!) zu tun – der Antwort, die du auf das gibst, was außen auf dich einwirkt.«

(Dalai Lama)

Zeit ist das Wichtigste, das wir geliebten Lebewesen schenken können. Daher sollten wir regelmäßig qualitätsvolle Zeit mit dem Hund verbringen. Gemeinsame Aktivitäten wie spannende Abenteuer-Spaziergänge, mal fernab der üblichen Wege, abwechslungsreiche Spiele und bindungsfördernde Trainingseinheiten sichern eine tiefe Verbundenheit ab. Es ist nicht die Quantität, auf die wir achten sollten, vielmehr ist es wichtig, Qualität zu gewährleisten. Eine Zeit, in der nur das »Wir« zwischen Hund und Mensch zählt. Eine Verabredung mit anderen Hundefreunden ist sicher schön und auch für die Sozialisierung von Vorteil, dabei wird allerdings häufig unterschätzt, wie wichtig es ist, eine Zeit für die gemeinsame Bindungsarbeit in der Umwelt einzuplanen. Wenn Hunde uns wichtig sind, dann ist die Vergeudung ihrer Zeit, ihrer Talente und Fähigkeiten die schlimmste Art von Verschwendung. Es ist wichtig, ihnen die Zeit und Geduld zu schenken, die sie benötigen.

In der gemeinsamen Arbeit ist es gut, einen fürsorglichen, wertschätzenden und positiven Stil zu wählen. Die positive Verstärkung ist in der Erziehung das Mittel der Wahl, um ein gewünschtes Verhalten zu belohnen. Das kann durch ein wertschätzendes und ehrlich gemeintes Lob, gute Leckerlis oder ein gemeinsames Spiel geschehen.

Hunde sind Ritualtiere, wie wir Menschen. Stabilität und eine feste Routine geben Sicherheit und helfen zu leben. Ähnliche Fütterungszeiten – diese müssen aber nicht punktgenau sein – und planbare Spaziergehzeiten nehmen Stress aus einem Hundealltag. Eine klare und gute Kommunikation mit dem Vierbeiner ist dabei elementar. Wichtig ist, auf seine Körpersprache zu achten, seine Sprache zu lernen und deuten zu können. Die Sprache des Menschen ist ungleich schwieriger als die unserer Vierbeiner. Häufig sagen wir mit Worten etwas anderes als mit unserer Körpersprache. Das macht es für Hunde nicht einfach, uns deutlich zu verstehen, auch wenn sie wahre Meister im Erkennen unserer Körpersprache sind. Es ist von großer Bedeutung, auch auf die Bedürfnisse des Hundes einzugehen. Bindung ist keine Einbahnstraße, sie ist vielmehr eine ständige und gegenseitige Arbeit.

Eine gute und gesunde Sozialisierung ist wichtig. Verschiedene Umgebungen, unterschiedliche Menschen und andere Tierarten kennenzulernen, ist enorm wichtig. **Ängste entstehen häufig dort, wo Wissen endet.** Schwierigkeiten, die sich über eine lange Zeit eingeschlichen haben, werden sich nicht innerhalb kürzester Zeit ausmerzen lassen. Veränderung braucht Zeit, und wichtig ist, den Weg bis zum Ziel ordentlich zu nutzen, um sich dabei näherzukommen. Eine Verhaltensveränderung beginnt immer beim Menschen. Von Tag zu Tag wird man sicherer und meistert Themen im Team souveräner. Sicher tauchen hierdurch immer weniger Konflikte auf, der Hund wird sich dann im Beisein seines Menschen immer mehr entspannen. Ein Hund, der immer nur sich selbst überlassen ist und den ganzen Tag machen kann, was er will, ist sicher nicht glücklich. Die Wertigkeit und die Sicherheit werden ihm fehlen. Der Hund muss ständig Grenzen ausloten und das führt zu völlig unnötigen Missverständnissen, nur weil man ihm seine Freiheit gönnen möchte. Nach über 20 Jahren Hundeschule und Training halte ich nichts davon, nur in die Hundeschule zu gehen und zu denken, dass er dort alles fürs gemeinsame Leben lernen wird. Draußen ist das Leben!

VIDEO

Vertrauen auf dem SUP

Training muss in den Alltag integriert sein, und im Begleiten seines Menschen lernt der Hund, egal wohin es geht, hier bin ich sicher.

Wichtig ist es, Signale in unterschiedlichen Umgebungen einzuüben, Stresssituationen gemeinsam zu meistern und das Team zu festigen, damit Unsicherheiten im Alltag kein Problem mehr darstellen. Immer wieder wird mir die Frage gestellt, wie ich Bindung schaffe. Bindung entsteht, indem wir gemeinsam Aufgaben des Alltags lösen: Der Spaziergang wird zu einer gemeinsamen schönen Herausforderung und die Qualität der Gassirunde wird zu einer intelligenten Entdeckungstour. **Wir müssen für unsere Hunde attraktiv sein.** Das bedeutet nicht, dass wir auf unsere Frisur achten sollen; es bedeutet, sich angemessen und aufrichtig in der Welt zu bewegen. Wie ist unser Problemlösungsverhalten im Umgang mit den Artgenossen des Hundes und unseren Mitmenschen? Welche Ausbildung bieten wir einem Hund? Fühlt sich der Hund im luftleeren Raum alleingelassen oder wird er gut von uns angeleitet? Wir können heute häufiger eine Überforderung als eine Unterforderung bei Hunden erkennen, und wichtig ist hier, die Balance zu finden. **Gemeinsame positive Erfolgserlebnisse sind der Schlüssel zu einer gesunden Beziehung.** Unser Lobverhalten, gemeinsame fröhliche Spiele, Pflege, Kontaktliegen und Streicheleinheiten – dabei wird wieder das bereits angesprochene Hormon für die Geborgenheit ausgeschüttet, der Stoff, aus dem die Träume sind.

VIDEO

Gemeinsam Spaß haben

VIDEO

Freude und Aktivität

Die Hürden des Alltags sind ein echter Gamechanger

»Auch wenn es manchmal nicht den Anschein hat, wenn es hart auf hart kommt – du hast in jedem Moment die Zügel in der Hand und bist nicht irgendwelchen äußeren Umständen oder dem Verhalten anderer Personen und Tiere ausgeliefert.«

(Nadia Winter)

Mein Mann und ich unternehmen viel mit unseren 3 Hunden. Sie begleiten uns auf unseren Wohnmobiltouren, Stadtspaziergängen, Wanderrouten und bei vielen weiteren Gelegenheiten. Sie sind unsere täglichen Lebensbegleiter, wir sind ein Team und deshalb vertrauen sie mit Spaß und Gelassenheit darauf, dass wir den Weg gemeinsam meistern werden. In unseren Trainings und auf den Touren begegnen uns aber häufig Menschen, die gestresst und wenig freudig mit ihrem Hund unterwegs sind. Ich habe den Eindruck, als seien sie auf einem Spießrutenlauf unterwegs. Es scheint, dass manche Hundehalter, anstatt mit ihrem Hund über Brücken zu gehen, ihm abverlangen, auf Glasscherben zu laufen. Sie gehen durch Menschenmengen als seien sie unterwegs in gefährlichen Gefilden.

VIDEO

Urlaub mit Hund – in der Stadt

Warum sieht es immer mehr aus, als würden Mensch-Hund-Teams den Wald von Sherwood Forest beschreiten und überall, wo sie laufen, Gefahren auf sie lauern? Natürlich ist unsere heutige Welt nicht stressfrei, viele Sinneseindrücke regnen auf uns und unsere Vierbeiner ein, gerade weil Hunde ziemlich gut ausgeprägte Sinne haben. Es kann aber keine Lösung sein, dem Hund noch mehr Angst einzujagen. Wir können unsere Hunde heute nicht mehr von komischen Objekten, Menschen und Geräuschen fernhalten. **Daher ist es wichtig, sie zu selbstbewussten Alltagsbegleitern zu machen, die sicher an unserer Seite sind.** Das muss nicht heißen, dass der Hund jeden Tag einen Stadtspaziergang machen soll; er sollte es aber können, wenn er müsste, und das, ohne einen Nervenzusammenbruch zu erleiden. Es hilft nicht, alles zu vermeiden. Wir können unsere Hunde nicht in einem Schutzluftballon vor uns »spazieren tragen«. Vielmehr ist es unsere Verpflichtung, sie zu sicheren Lebewesen zu erziehen. Hundehalter sollten darauf bedacht sein, eine positive Einstellung zu entwickeln. Eine **allgemein positivere Denkweise und Optimismus** sind für den Menschen gut trainierbar. Angst lähmt und führt nur in eine Einbahnstraße. Dabei helfen schon kleine selbstverschaffte Erfolgserlebnisse, den Stress zu mildern und das Immunsystem zu stärken.

Ein angeborenes und grundsätzliches Vertrauen ins Leben ist Teil unseres inneren Friedens und unserer Belastbarkeit in schwierigen Lebenssituationen. Nehmen wir einen Waldspaziergang als Beispiel: Der Spaziergang kann zu einem gemeinsamen Workshop werden; er ist für alle da und sollte Menschen und Hunden gleichermaßen guttun. Gemeinsam im Wald unterwegs zu sein, bedeutet etwas für die Gesundheit zu tun. Nicht nur, weil Bewegung gut für die Gelenke ist: Die Konzentration an natürlichen Antibiotika ist im Wald hoch und deshalb sollten wir ihn nicht meiden, sondern aufsuchen. Wir fühlen uns wohl, schalten den Stress ab und können etwas für unser Teambuilding tun.

Läuft im Wald nicht immer alles rund? Kein Problem: Gefahr erkannt, Gefahr gebannt. Ein Spaziergang ist eine Möglichkeit, zu erkennen, wo wir als Team besser werden können. Ist die Aufmerksamkeit im Wald eher bei den Eichhörnchen und den Rehen anstatt beim Menschen? Dann wird es Zeit für einen strukturierteren und spannenden gemeinsamen Start in gemeinsames Tun. Weil wir so am Besten verstehen und lernen, sollte man mindestens 2-mal täglich eine schöne **gemeinsame** Runde drehen, damit der Hund zu einem ausgeglichenen Teamplayer wird. Nochmal: Alles, was wir dafür tun müssen, ist eine klare und verständliche Kommunikation mit dem Hund, eine tier- und artgerechte Beschäftigung, dem Hund Ruhezonen einrichten und Sicherheit bieten.

Ein Hund hat das Bedürfnis, sich sinnvoll in seine Gruppe einzugliedern und als Hund gesehen zu werden. Wenn er so behandelt wird, kann er sich gut entwickeln und lernen, weil er sich nicht um andere Sorgen kümmern muss. Wenn der Mensch dem Bedürfnis von Ruhe und Sicherheit nicht nachkommt, wird der Hund unweigerlich, wenn auch ungern, das Zepter übernehmen, auch wenn er dazu mental gar nicht in der Lage ist, da er ein hohes Bedürfnis nach Sicherheit hat. Ein Hund ist ein Hund; er wird seine Probleme dabei hündisch abarbeiten und lösen und nicht die Lösung kennen, die sich dabei sein Mensch wünscht. Auf dem Spaziergang entwickelt sich ein Streitwagenprinzip, und weil der Hund sich genötigt sieht, Situationen zu regeln, weil der Mensch unsicher ist, wird er immer häufiger weiter vorne laufen und die Situationen nach seinem Gusto meistern.

Die Arbeit an der Bindung zum Hund bedeutet klar eine Arbeit an uns selbst. Wenn wir unser Verhalten zum Hund verändern, wird er sein Verhalten ändern können. Der Mensch muss der Reiseleiter werden, den sich der Hund für sein Leben wünschen würde. Jeder Hund ist in der Lage, sich seinem Menschen wieder sicher anzuvertrauen, die Hürden des Alltags zu meistern, und unsere gemeinsamen Spaziergänge können dabei zu echten Gamechangern werden. Wir müssen die Hindernisse, Begegnungen und Geräusche als Chance sehen und nicht als Übel. Los geht's!

Wenn wir uns vermissen

»Die Aufgabe des Lebens ist es, sich zu kennen, zu lieben und zu vertrauen.«

(Dalai Lama)

Jemanden zu vermissen, kann ein Ausdruck der Tiefe dieser Verbindung sein und wie viel uns diese Person bedeutet. Der Satz »Abwesenheit lässt das Herz höherschlagen« kann in solchen Situationen zutreffen. Ja, und warum soll er nicht auch bei unseren Hunden zutreffen? Eine Trennung läuft in der Regel phasenweise ab. Zunächst einmal haben wir die Protestphase. In dieser Phase wird der abtrünnige Partner gesucht und gerufen. Als Nächstes kommt die Depressionsphase bis hin zu einer regelrechten Verzweiflungsphase. Eine Trennungsreaktion mit einer moderaten Stressreaktion aufgrund der Abwesenheit des geliebten Hundehalters ist in der Regel das Zeichen einer sicheren Bindung zum Menschen. Hingegen können extreme Stressmuster (starkes Hecheln, Schweißfüße, Zerstörung, Ausbruchsversuche, extremes Bellverhalten, Distanzjaulen) ein Hinweis auf eine unsicher ambivalente Bindung oder gar eine Trennungsstörung (Unsauberkeit, Zerstörung, stereotype Verhaltensmuster) sein. Bleibt der Hund hingegen teilnahmslos beim Weggehen seines Menschen, kann das ein Indiz für eine unsicher vermeidende Bindung sein.

Es ist unabdingbar und lebensnotwendig, dass dem Hund kleinschrittig und langsam das »Alleinsein« beigebracht wird. Dabei ist es völlig normal, wenn ein Welpe in den ersten Wochen seinem Menschen überall hin folgt. Das würde er in seinem »Hunderudel« auch tun und ist überlebenswichtig für das kleine Lebewesen. Zudem lernt er uns Menschen dadurch besser kennen. Der zuvor schon erwähnte Folgetrieb verliert sich mit der Zeit von allein.

Alleinsein zu trainieren, ist trotzdem wichtig: für Einkäufe, Arztbesuche, Konzerte und andere Dinge des Lebens. Der Hund muss lernen, uns zu vertrauen, und dass wir immer wieder kommen werden. Meinen eigenen Hunden hilft dabei, wenn ich ihnen sage, dass ich gleich wiederkomme oder einkaufen gehe. Im Prinzip ist es einfach ein Signal, das ich ihnen beigebracht habe, und sie interpretieren, dass ich sicher bald wiederkomme. Ebenso wichtig finde ich, dass ich meine Hunde moderat und ruhig, aber doch begrüße. Häufig wird dazu geraten, das zu unterlassen. Aber man möchte sich nur einmal vorstellen, man kommt nach einem langen Arbeitstag nach Hause, freut sich auf die Familie, auf die Vertrautheit, man kommt also zur Haustür herein und keiner begrüßt einen, man wird ignoriert, Blicke werden vermieden und keiner nimmt zur Kenntnis, dass man da ist. Wie lange wird man in dieser Familie bleiben wollen? Da bekommt man doch gleich ein schlechtes Gefühl und denkt, es sei etwas Unangemessenes passiert.

Einer Untersuchung von Carmen Borelli (2022) zufolge, orientieren sich Hunde sicherer Hundemenschen beim Alleinbleiben mit den Augen in Richtung Tür, zeigen so also ein Nähe-suchendes Verhalten. Der eher unsicher gebundene Hund sucht im Trennungsfall häufig die Nähe zu fremden Menschen. Häufig wird das genau andersherum interpretiert.

Ein Schwank aus dem Hundehotel: Ein gutes Beispiel für mangelndes Vertrauen ist erst kürzlich in unserem Haus passiert. Ein Pärchen mit 2 Hunden hat Urlaub in unserer

Ferienwohnung gemacht. An dem Morgen, als sie abreisen wollten, haben die Gäste ihr Auto gepackt, die Wohnung komplett von ihren Dingen befreit und sind ohne ihre Hunde zum Frühstück gegangen. Die Hunde, die vorher eine Woche lang friedlich waren und nichts beschädigt hatten, wenn sie mal allein waren, haben die Wohnung auseinandergenommen, Fenster, Türen und Vorhänge stark beschädigt. Sie müssen geglaubt haben, zurückgelassen worden zu sein. Das Auto war gepackt, alle ihre Lieblingssachen waren weg und ihre Menschen auch. Sicherlich hat hier der Gruppenmechanismus das Ganze verstärkt. Das Pärchen war untröstlich und wird das nächste Mal sicher daran denken, die Hunde vorher ins Auto zu packen, hier ist das Fahrzeug die Sicherheitszone der Hunde, oder mit zum Frühstück zu bringen.

Was kann man tun, um einer solch extremen Trennungsreaktion entgegenzuwirken? Zunächst einmal sollte man darauf achten, ein sicheres und entspanntes Vertrauensverhältnis zu ermöglichen. In der wichtigen Sozialisierungsphase zwischen dem 5. und 10. Lebensmonat sollte man Kontakt zu unterschiedlichen Menschen und viele Erfahrungen in der Umwelt anbieten. Eine stabile Routine im eigenen Haushalt, auf den Einsatz körperlicher Strafe in der Hundeerziehung zu verzichten und ein sensibles und faires Gewöhnungstraining des Alleinseins im Alltag können maßgeblich dazu beitragen, dass Hunde gelassen mit Trennungen von ihren Menschen umgehen können. Ein regelmäßiges ausgelassenes Spielen mit dem Hundehalter reduziert das Risiko, ein Trennungsproblem zu entwickeln.

Einer Untersuchung der amerikanischen Verhaltensmedizinerin Karen Overall zufolge zeigen Hunde mit Trennungsangst häufig eine Geräusche- und Gewitterangst. Den besten Beweis dafür habe ich im eigenen Haushalt. Unseren Hund Max haben wir aus einer Familie geholt. Es erreichte uns der Hilferuf einer Kollegin, wonach ein 9 Monate alter

Labrador dringend aus einer Familie geholt werden müsse, da er kurz vor der Einschläferung stünde. Er sei Familienmitgliedern gegenüber aggressiv, unberechenbar und würde starkes aufmerksamkeitsheischendes Verhalten zeigen.

Wir konnten live erleben, als wir Max zu uns holten, wie er aus dem Badezimmer geholt wurde – das war damals sein »Zimmer«, in dem er von 5 Uhr morgens bis 5 Uhr abends sein Leben auf einem Badevorleger fristete. Er besaß kein Spielzeug, Wasser trank er aus der Toilette, und er hatte den ganzen Tag keine Ansprache. Wenn er dann abends aus dem Badezimmer gelassen wurde, sprang er vor lauter Aufregung und Freude an den damaligen Haltern und deren Kindern hoch. Das werteten sie als Aggression. Max zeigte bei uns keinen einzigen Tag irgendein aggressives Verhalten, trotz der Misshandlungen, die er durch seine früheren Halter erfahren hatte. Hingegen zeigte er anfangs eine extreme Trennungsreaktion. Wenn er mit meinen 3 anderen Hunden »alleingelassen« wurde, fing er an zu schreien und zeigte extremes Bellverhalten. Er zitterte am ganzen Leib. Heute hat Max gut gelernt, allein zu bleiben. Das hat Zeit und Geduld gebraucht. Sein Vertrauen und seine Souveränität sind erstaunlich. Er ist zwar immer noch lieber mittendrin statt nur dabei, aber er schafft es inzwischen problemlos, auch mal allein zu sein, und fordert seine »Alleinphasen« regelrecht ein.

Ein Ruhedeckentraining hat bei Max gute Erfolge gezeigt und nicht zuletzt die starke Bindungsarbeit, die wir bei ihm geleistet haben. Trotzdem zeigt Max eine kleine Geräusche- und Gewitterangst. Wir haben sie allerdings gut im Griff und schöne Möglichkeiten, seine Reaktionen schnell aufzufangen – nicht zuletzt, da er gelernt hat, großes Vertrauen in uns zu setzen. Wir sind sein sicherer Hafen.

Trennungsstress kann viele weitere Gründe haben. Sollte sich das Verhalten mit einem umsichtigen und kleinschrittigen Training nicht signifikant verbessern, lohnt es sich, sich hier einer entsprechenden Fachperson anzuvertrauen.

VIDEO

Deckentraining

Das Ruhedeckentraining: die Ruhe- und Sicherheitszone

Viele Hunde haben leider keine Lösung für eine Selbstregulation, wenn sie in ein Stressmoment geraten. Das Ruhedeckentraining verhilft dem Hund zu einer Art sicherem Hafen, sollte der Mensch einmal nicht greifbar sein oder es sonst für den Hund nötig sein, zu entspannen. Diese Art der Entspannungsinsel ist nicht zu verwechseln mit dem Hundeplatz oder Platz-Training. Beim Ruhedeckentraining lernt der Hund mittels klassischer Konditionierung, sich eigenständig zu regulieren, indem er sich auf seine Sicherheitsdecke begibt. Sinnvoll ist diese Ruhedecke auch für Therapie-, Schul- oder Seminarhunde und für einen entspannten Besuch eines Restaurants.

3 bis 5 Minuten Deckentraining am Tag zeigen schon großen Erfolg.

Für unseren Hund Max ist die Ruhedecke der sichere Hafen. Wenn wir beispielsweise Hunde im Hundehotel haben, die unserem Rüden zu wild sind, geht er eigenständig auf die Decke und sucht so seinen Frieden.

Dieses Training lässt sich später wunderbar mit einem Lieblingsduft und einer entspannten und gleichklingenden Musik kombinieren. Man sollte Wert darauf legen, dass die Ruhedecke eine schöne Entspannungsinsel bleibt. Sie wird nicht dafür genutzt, den Hund zu tadeln und ihn unschön auf seine Decke zu schicken. Dieser magische Ort würde so schnell an Wirkung verlieren.

Eine Anleitung mit Tagesplänen für einen Monat zum erfolgreichen Ruhedeckentraining kannst du dir downloaden.

DOWNLOAD

Ruhedeckentraining in 28 Tagen

Kapitel

5

WIE WIR RICHTIG BELOHNEN UND BESTÄTIGEN

»Ein Hund-Mensch-Team wird nicht durch strenge Hierarchien und Macht geführt, sondern durch Vertrauen und Verlässlichkeit.«

(Nadia Winter)

Die Arbeit über die positive Verstärkung wird häufig verwechselt mit Leckerlis, Bestechungsversuchen und Futterautomat. Hundeerziehung über positive Verstärkung führt zu einem besseren Verständnis für den Hund, und das ist mit anderen Methoden so nicht zu erreichen. Wenn man sinnvoll und effektiv erziehen möchte, muss man sich gut mit dem Lernverhalten und den Bedürfnissen eines Hundes beschäftigen,

Bescheid wissen über Motivation und Belohnungsverhalten seines Hundes. Klar, es ist einfacher und weniger anstrengend, den Hund über körperlich aversive und verbale Rangordnungsmethoden zu trainieren und zu unterdrücken. Wenn der Mensch sich aber bemüht, einen Schritt auf den Hund zuzumachen und seine Welt zu erkennen, wird er belohnt durch eine intensivere und zugleich sichere Bindung zu seinem Tier.

Die Arbeit über die **positive Verstärkung** bedeutet, den Hauptfokus auf das erwünschte Verhalten zu legen. Dies heißt aber nicht, dass jedes Fehlverhalten ignoriert werden kann. Es gehört dazu, ein Verhalten unterbrechen zu können, und zwar ohne den Hund zu bedrohen oder sonst wie aversiv zu reagieren. Um den richtigen Verstärker zu wählen, sollte man die Lieblingsbelohnungen des Hundes im Alltag kennen. Das ist nicht immer das Leckerli, es kann ein Rennspiel, ein Spielzeug, ein Suchspiel oder ein Artgenosse sein, eine Handlung, die der Hund lieber tun würde als die, die er ausführen soll. Siehe dazu im nachfolgenden Abschnitt »Es liegt was in der Luft« die Anmerkung zum Premack-Prinzip. Die Förderung der Fähigkeiten des Hundes gehört dazu. Jeder Hund hat seine Stärken.

Leckerlis und Futtergabe sind, sinnvoll eingesetzt, ein guter Einstieg in ein Training oder in eine Aufgabe. Sie eignen sich jedoch nicht allein für den Aufbau einer emotionalen Bindung und auch nicht für den dauerhaften Lernprozess bei einer Übung. Wenn ich bei einem Lernprozess ständig Leckerlis füttere, mache ich den Lernprozess kaputt. Denn wenn ich ausschließlich lobe, kann ich auch immer tadeln, das ist psychologisch dasselbe.

Nehmen wir mal an, du kannst in einem Kurs eine Frage stellen und ich sage: »Das war eine großartige Frage«. Dann hätte ich auch sagen können: »Was Dümmeres hätte dir nicht einfallen können«. Du hast also einfach Glück gehabt, wenn ich etwas Lobendes sage. Je mehr du das Lebewesen vor dir schätzt, desto mehr bedeutet dir ein Lob. Das hat mit lernen nichts zu tun. Das hat mit der Beziehung zu tun, die man zueinander aufbaut. Bei einem nackten Lernprozess ist ein klares Feedback zum Beispiel: richtig, falsch, rechts oder links. Das ist hilfreicher, dann ist man in der Lage schneller zu lernen. Man wird so nicht vom Psychobalast abgelenkt. Zu anderen Zeiten können wir gerne loben, aber nicht mitten im Lernprozess. Nehmen wir die Übung aus dem Hundeführerschein „Sitz, Platz, Steh". Wenn du bei jeder einzelnen Übung ein Lob oder ein Leckerli abgibst, störst du den Lernprozess und den flüssigen Ablauf. Anfangs kannst du für den einzelnen Aufbau des Sitz, des Platz oder des Steh ein paar Mal Futterstücke verwenden. Beim Vertiefen der Übungen und dem wachsenden Lernprozess ist es allerdings kontraproduktiv.

Wichtig ist, dass ein Lob für ein Verhalten (ruhiges Benehmen, freundliche Begrüßung) immer echt und ehrlich ist. Nichts ist beleidigender als ein Lob, das einfach so daher geplappert ist. Aber kaum etwas ruiniert eine Gesellschaft schneller als das Gefühl, dass sich Leistung nicht lohnt, egal ob bei Menschen oder Tieren. Hunde haben ein gutes Gespür für echte Zuwendung und Anerkennung, und der Mensch muss sein Auge schulen, positive Dinge zu erkennen und zu benennen. Würden wir mehr loben, würden wir grundsätzlich weniger Probleme haben. Der Mensch ist leider zu sehr auf das negative Verhalten seiner Mitmenschen und so auch bei seinem Hund fixiert. Geben wir hier mehr Fokus auf das, was bereits richtig gut funktioniert, wird nicht nur der Hund mehr Leistung und Arbeitsfreude zeigen, auch der Mitmensch, eventuell der Arbeitskollege, ist bereit zu mehr Energie und Leistung. Zudem beschäftigt sich so der vierbeinige Freund viel lieber mit seinem Menschen. Man umgibt sich doch sehr viel lieber mit positiven Menschen, anstatt mit energieraubenden Schwarzmalern, oder nicht?

Übung:

Hast du schon einmal überlegt, womit sich dein Hund gerne belohnt? Notier dir 10 Belohnungsstrategien, der Rangfolge nach: Was mag dein Hund am liebsten, was ist das Zweitbeste, etc.

Keine Erpressungsversuche

Hat dein Hund eine neue Übung ausgeführt und auch gut gemacht, kannst du ihm dafür anfangs ein Leckerli geben und ihn bestätigen. Das wird ihn motivieren. Futter wird also als eine Art Verstärker eingesetzt.

Als Lockmittel oder als Erpressung sollte Futter nicht eingesetzt werden. Wenn dein Hund ein Verhalten nicht zeigen möchte, kann das Gründe haben. Diese gilt es erst einmal herauszufinden. Sonst bringst du deinen Hund in eine unangenehme Lage. Gerne möchte er das Futter haben, hat aber ein Problem mit der geforderten Übung. Sein natürliches Verhalten wird ihn übermannen. Er wird in einen tiefen inneren Konflikt geraten, das ist der Gegenspieler einer guten Bindung. Oft ist eine qualitätvolle Berührung und ein freundliches Gesicht das beste Lob!

Überhaupt nicht sinnvoll ist es also, den Hund zu 100 Prozent aus der Hand zu füttern. Wenn der Hund nur aus der Hand gefüttert wird, ist das im Prinzip genau das Gegenteil von dem, was wir wollen: Es gibt doch kein schlimmeres Gefühl, als von jemandem vollständig abhängig zu sein.

Es liegt was in der Luft

Wenn man weiß, womit sich Hunde täglich belohnen – das muss eben nicht immer Futter sein –, kann man auch das als »Belohnung« verwenden. Das ist das sogenannte Premack-Prinzip. Benannt wurde es nach dem amerikanischen Verhaltensforscher David Premack. Es handelt sich um ein Verstärkungsprinzip, das bedeutet, dass **die Möglichkeit, ein bevorzugtes Verhalten zu zeigen, die Wahrscheinlichkeit erhöht, dass eine Person ein weniger bevorzugtes Verhalten zeigt.**

Durch diese Art von »Belohnung« kann der Hund lernen, zuverlässiger zu werden. Er wird zukünftig mit den Handlungen bestätigt, die er lieber tun würde, als das Verhalten, das er gerade zeigen soll.

Beispiel:
Ich möchte mit Max ein Apportiertraining in der Nähe unseres Sees machen. Max liebt Wasser. Gerne möchte er dort schwimmen gehen. Ich lasse ihn gegenüber des Gewässers ein Apportel in der Wiese holen. Bringt er mir das Spielzeug, darf er anschließend im See schwimmen. Er bekommt also kein Leckerli, sondern wird mit dem Verhalten belohnt, das er lieber tun möchte.

Dein Hund möchte gerne zu seinem Hundekumpel. Du möchtest, dass er nicht einfach so hin stürmt. Du lässt deinen Hund absitzen. Er soll dich anschauen und danach erhält er die Freigabe, zu seinem Freund laufen zu dürfen.

Wenn dein Hund sich also so verhält, wie du es möchtest, kannst du ihn mit einem »Lieblingsverhalten« belohnen.

Futterentzug als Strafe?

Leider wird häufig der Futterentzug als Strafe eingesetzt. Die Überlebensstrategie eines Hundes verlangt, dass er frisst, wenn sich ihm etwas bietet. Das ist für ihn eine der lebensnotwendigsten Handlungen. Den Hund mit Futterentzug zu bestrafen oder zu erpressen, erschüttert sein Vertrauen in dich enorm und nachhaltig. Auch eine 100-prozentige Handfütterung ist verwerflich und wird für die Bindung nicht förderlich sein. Daher gilt auch hier:

Ein guter Häuptling würde nie seine Indianer schwächen!

»Erhebe die Worte, aber nie die Stimme.«

(Rumi)

Ein sicherer Bindungspartner ist nie lange nachtragend und kann schnell wieder verzeihen. Schauen wir uns mal folgende kleine Szenen an. In einer Welpengruppe geraten 2 Welpen in einen Streit. Der Hundemensch sollte hier schnell die Welpen auseinandernehmen. Es reicht vollkommen, die kleinen Rüpel zu ermahnen, und zwar just in dem Moment, in dem man die Raufbolde aus dem »Spiel« nimmt. Sofort, wenn sie bei ihren Menschen sind, werden sie mittels beruhigender Stimme »runtergefahren« und ganz klar und eindeutig gelobt, wenn sie sich bei ihren Menschen beruhigt haben. Dann dürfen sie wieder ins Spiel und können lernen, dass ruhiges Spielen erwünscht ist und auch Spaß macht.

Der Frechdachs hat ein Wurstbrot von deinem Teller stibitzt. Du warst nicht im selben Raum. Klar, du kannst ein großes Fass aufmachen oder dich kurz darüber ärgern, dass du selbst nicht sorgsam gewesen bist. Aus der Perspektive deines jungen Hundes wäre es vielleicht fatal gewesen, das Wurstbrot einfach liegen zu lassen. Er hatte Hunger, gönn ihm den Leckerbissen und stell den Teller demnächst weg, bevor du gehst. Vergiss nicht: Ein Häuptling würde nie seine Indianer schwächen. »Liegen lassen« üben kannst du dann ein anderes Mal, wenn du dabei bist und direkt und fair reagieren kannst.

Du kannst nur dann gut reagieren, wenn du im selben Raum wie dein Hund bist, physisch wie psychisch!

Mensch ärger dich nicht über deinen Hund

Wenn du dich länger als 15 Sekunden ärgerst, sind es die eigenen unerledigten Dinge, die da in dir arbeiten. Dass jemand die Macht hat, in dir Ärger auszulösen, ist okay. Das kann die erste Reaktion sein. Aber wie lange du dich ärgerst, das ist deine Entscheidung. So, wie niemand dir Zeit stehlen kann, wenn du als Komplize nicht mitmachst. Niemand kann dich ärgern, wenn du nicht mitmachst. 15 Sekunden! Diese Sätze von Vera F. Birkenbihl haben mich nachhaltig geprägt. Ich gebe sie gerne als Idee an dich weiter. Ärgern lohnt sich nicht und raubt dir nur die Energie, die du woanders dringend benötigst.

Die 3-Sekunden-Regel

Timing ist alles im Hundetraining, das hört man so oft. In einem Training mit unserem kleinen Raufer ist das umso wichtiger. Der Schlüssel ist das Timing. Hier gilt die 3-Sekunden-Regel. Man erklärt dem Hund sehr schnell, was man gerne sieht oder eben nicht.

Wie soll der Hund sonst verstehen, wofür das Feedback gerade gegeben wurde? Hunde verstehen die menschliche gesprochene Sprache nicht so, wie wir sie verstehen. Der einzige Weg, dem Hund klar zu vermitteln, was richtig und erwünscht ist, ist, ihm eine sofortige Rückmeldung über sein Verhalten zu geben und nicht erst Minuten später. Wenn der Welpe auf den Teppich pinkelt und wir es erst 5 Minuten später bemerken, hat der junge Hund keinerlei Idee, was wir von ihm möchten, wenn wir dann mit ihm schimpfen. Im Gegenteil, so finden uns die Tiere ständig schlecht gelaunt vor, wenn wir mit ihnen in Kontakt treten. Liegen das Verhalten des Tiers und unser Verhalten weiter als 3 Sekunden auseinander, wird es für den Hund keinen Zusammenhang mehr geben. Er fühlt sich ungerecht behandelt. Wenn der Hund etwas getan hat, das mehr als 3 Sekunden zurückliegt, ist es Mittelaltergeschichte. Wenn wir also einen Hund gut trainieren möchten und eine sichere Bindung aufbauen wollen, sollten wir diese Regel im Kopf haben und an unserem Timing arbeiten.

VIDEO

3-Sekunden sind lang

Kapitel 6

GEMEINSAM SIND WIR STARK

»Es gibt nur 2 Tage im Jahr, an denen man nichts tun kann. Der eine ist Gestern, der andere Morgen. Dies bedeutet, dass heute der richtige Tag zum Lieben, Glauben und in erster Linie zum Leben ist.«

»Unsere wahre Aufgabe ist es, glücklich zu sein.«

(Dalai Lama)

Eine der wichtigsten Säulen von Bindung habe ich schon öfter angesprochen, schauen wir uns diese nun genauer an: **den sicheren Hafen**. Er ist für den Hund eine Basis zwischen einem gesunden Erkundungsverhalten und der Orientiertheit zu seinem Menschen.

Hunde sollten nicht auf ihr »Sosein« verzichten müssen, um in unserer Welt leben zu können. Eine gute und gesunde Mischung von Innen- und Außenfokus muss gegeben sein. Ein Hund, der sich nur an anderen Hunden orientiert, oder, im Gegenteil, mit der Nase am Boden festklebt, sollte von seinem Menschen unterbrochen und angesprochen werden. Ist er nicht ansprechbar und im Verhalten nicht zu unterbrechen, kann er dann auch aus Sicherheitsgründen nicht von der Leine gelassen werden. Der Mensch kann den Fokus einfordern, bevor er seinen Hund wieder freigibt. Er kann ihn wieder auf die Piste schicken, wenn nichts anderes dagegenspricht. Ein Hund, der sich hingegen so gar nicht von seinem Menschen löst, die Umwelt komplett vergisst, weil er nur an den Augen und »am Rockzipfel« seines Hundemenschen hängt, nimmt nicht am Leben teil.

Beide Fälle sprechen für eine unsichere Bindung. Rituale, Sicherheit und das Vertrauen an den Menschen müssen hier deutlich gefördert werden. In einer für den Hund problematischen Situation muss der Mensch für seinen Hund erreichbar sein. Die emotionale und soziale Unterstützung ist der Grundpfeiler einer gesunden Bindung. Dieses Verhalten muss aktiv unterstützt und gefördert werden.

Bindung braucht Nähe

Kuscheln verringert die Ausschüttung der Stresshormone und fördert die Ausschüttung des Bindungshormons Oxytocin. In Krisenzeiten benötigt der Hund eine Schulter zum Anlehnen, einen Menschen, der ihn umarmt und hält oder ihn beispielsweise durch eine konditionierte Entspannungstechnik wieder »runterfahren« lassen kann. Leider kursieren immer noch Gerüchte darüber, dass Hunde, die beispielsweise an Silvester eine Geräuschangst zeigen, den sicheren Hafen nicht aufsuchen dürfen, da sie sonst in ihrer Angst nur bestätigt und konditioniert werden würden. Was für ein Nonsens! Nun, selbstverständlich sollten wir den Hund nicht mit unserer instabilen Mitleidstour noch bestärken; gegen eine beruhigende Berührung oder Umarmung ist aber überhaupt nichts einzuwenden. Im Gegenteil: Es ist die Verpflichtung und der Job eines jeden Hundemenschen, dem Hund die Sicherheit zu bieten, die er in dem Fall benötigt! Es ist eine schlichtweg

VIDEO

Dialogische Führung mit Kommunikation

falsche Behauptung, dass nur der Mensch derjenige sein darf, der die Kuschelzeiten bestimmt. Ein Hund darf sich gerne an seinen Menschen mit diesem Bedürfnis wenden.

In unruhigen Momenten können Festhaltegriffe und sanfte Berührungen am Brustbein und am seitlichen Brustkorb des Hundes schon effektiv sein.

Gerade, was die Streicheleinheiten betrifft: Zuvor habe ich zum Thema gemacht, dass wir innerhalb der 4 Wände auch einfach mal die Finger vom Hund lassen sollten. Ja, im Prinzip ist es wichtig, dass der Hund uns nicht den ganzen Tag hinterherläuft und so unseren Alltag kontrolliert, das ist nicht seine Aufgabe. Er darf und soll sich in seinen eigenen 4 Wänden entspannen können und einfach keine Sorgen haben müssen. Läuft er uns nun den ganzen Tag hinterher, scheint er uns nicht zu vertrauen. Dabei geht es nicht um wildgewordene Dominanztheorien und auch nicht darum, dass wir auf die existenziell wichtigen Kuscheleinheiten verzichten sollen. Nein, im Gegenteil. Lieber **eine qualitätsvolle Berührung** und Kuschelstunde als ein sinnloses stundenlanges Rumgekraule, das am Ende nur kreisrunden Haarausfall verursacht, aber kein echtes Bindungshoch. Dafür muss man kein Masseur sein, aber seinen Hund, dessen Bedürfnisse und seine Sprache gut verstehen.

Entweder man setzt sich gemeinsam auf die Couch oder auf das Hundebett. Kennt man den neuen Freund nicht so gut, könnte man mit der Handrückenseite die körperzugewandte Seite streicheln, am besten, ohne sich direkt über den Hund zu beugen. Hier erkennt man gut, ob der Hund weiter Nähe einfordert und berührt werden möchte, oder ob er schmatzt und womöglich das Weite sucht. In letztem Fall bitte einfach die Finger vom Tier lassen. Möchte der Hund angefasst werden, dann kann es ja weitergehen. Die gemeinsame Erkundung des Fells und der Haut kann nicht nur ein wundervolles Gefühl für beide sein, sondern der Früherkennung von gesundheitlichen Themen dienen. Wenn man seinen Hund regelmäßig in der Hand hat, erkennt man Veränderungen und kann diese dem Tierarzt mitteilen.

Gemeinsame Kuschel- und Kontaktliegeeinheiten dienen der Vertiefung der Bindung und versichern ein Gruppenzugehörigkeitsgefühl. Die »Tellington-TTouch®-Methode« hat sich gerade bei sehr unsicheren und ängstlichen Tieren bewährt und es lohnt sich, sich einmal genauer damit zu beschäftigen. Zu dieser wundervollen Berührungsarbeit stehen überall Literatur im Handel und Workshops auf dem Markt zur Verfügung.

VIDEO

Wahrnehmungs-
übung

Kleine Übung zur Wahrnehmung

Setz dich mit deinem Hund auf eine Decke oder auf die Couch. Schau dir deinen Hund einmal genauer an. Streichle sein glänzendes Fell, sieh dir seine schönen Augen und seine weichen Ohren an. Hat sich etwas verändert? Dein Hund ist sicher das schönste Lebewesen, dass du je gesehen hast, oder? Ist es nicht schön, ihn in deinem Leben zu wissen? Was habt ihr gemeinsam vor? Was wollt ihr gemeinsam entdecken? Gemeinsam Erlebtes fördert eure Bindung. Frag dich doch einmal, was dich an deinem Hund begeistert. Sicher fallen dir 10 gute Gedanken ein.

Gemeinsam sind wir unausstehlich

»Wenn Tiere ihre Gefühle ausdrücken, strömen sie wie Wasser aus einem Ausguss. Die Emotionen der Tiere sind roh, ungefiltert und unkontrolliert. Ihre Freude ist die reinste und ansteckendste Freude und ihre Trauer die tiefste und verheerendste. Ihre Leidenschaften zwingen uns vor Freude und Trauer in die Knie.«

(Mark Bekoff)

Wenn ein Hund-Mensch-Team eher einem Streitwagen gleicht, liegt das häufig an einem Missverständnis bzw. an einer falschen Interpretation der Lage. Die Kommunikation zwischen Menschen und Hunden sollte daher immer klar und eindeutig sein. Wie kommt meine Kommunikation beim anderen Lebewesen an? Versteht er sicher, was ich meine? Aus meiner Praxiserfahrung kann ich sagen, dass die allermeisten Situationen auf Kommunikationsprobleme und auf unsichere Vierbeiner zurückzuführen sind. Häufig werden in diesen Fällen die Hunde von ihren Menschen im luftleeren Raum alleingelassen, sie brauchen aber emotionale und ruhige Unterstützung.

Aggressionsverhalten ist das Thema schlechthin, das mich in meiner Arbeit am meisten beschäftigt. Hunde mit Aggressionsverhalten sind unsichere und gestresste Tiere. Wenn der Hund mit einer Aggression reagiert, zum Beispiel Leinenaggression, bringt er Ängste und ein gewisses Maß an Stressverhalten mit. Wichtig ist hier, die Situation, in welcher der Hund diese Schwierigkeiten hat, im Detail zu erkennen und sauber damit umzugehen. Ein kleinschrittiges und gutes Verhaltenstraining kann den Stresslevel des Hundes senken und ihm helfen, in der entsprechenden Begegnung ruhig und entspannt zu bleiben. Die Veränderung beginnt immer bei uns selbst! Schauen wir unbedingt auf eine **Lernumgebung, in der der Hund ansprechbar ist, ankommen kann und lernfähig ist**. Eigentlich ist das auch eine Situation, in der sein Mensch stressfrei sein kann. Aggression gehört zum Leben zwar dazu, jedes Lebewesen kann aggressiv sein, das sichert bis zu einem gewissen Maß das Leben ab. Ohne Aggression gäbe es keine Arbeitswelt, keine Nahrung und auch keinen Schutz. Dazu gehört es aber auch, sich abzugrenzen, wenn es mal kracht, egal ob für den Menschen oder den Hund. Ein wichtiges Thema in der Hundeerziehung ist der **Verhaltensabbruch**.

Selbstverständlich sind Abbruchsignale erlaubt und auch gefordert. Sie sind genauso hündisch wie menschlich. Früh eingesetzte Abbruchsignale können helfen, dass sich der Hund nicht hoch emotional auflädt. Ein Abbruchsignal bedeutet »Stopp, das unterstütze ich nicht!« Der Hund wird damit nicht körperlich bedroht oder bestraft. Bei diesem Thema kursieren leider immer wieder Ideologien, die besagen, dass man Hunden keine Abbruchsignale setzen darf, weil dies Gift für die Bindung wäre. Gift für die Bindung ist, wenn der Hund alles allein erledigen muss und der Mensch keine Regeln aufstellt. Eine funktionierende Gesellschaft braucht Regeln.

Inzwischen gibt es belastbare Untersuchungsergebnisse, aus denen klar ersichtlich ist, dass sinnvoll eingesetzte Abbruchsignale nicht nur typisch hündisch sind, sondern zielführender als nur eine Erziehung, die auf einer rein positiven Arbeitsweise fußt. Zeigt der Hund ein unerwünschtes Verhalten – zum Beispiel bei einer Begegnungsaggression –, ist ein »Lass das«-Signal, gekoppelt mit der Hand als Barriere zwischen Hund und Reiz, nicht nur erfolgreich, sondern zudem überhaupt nicht beziehungsbelastend. Voraussetzung ist, dass dem Hund keinerlei körperliche Gewalt, keine Schmerzen und kein Leiden zugefügt werden.

Bevor der Hund in die Eisen steigt, gibt es einen Trick: eine meiner Lieblingsübungen, um Anspannungen in der Leine zu verringern, ist das **Ausstreichen der Leine**. Eigentlich ein Training aus der Pferdearbeit, ist es genauso hocheffektiv im Hundetraining. Wenn wir beobachten, wie der Hund angespannter und langsamer wird, können wir selbst eine kleine Veränderung vornehmen, die ihm in diesem Moment helfen kann. Anstatt in den Oppositionsreflex zu gehen, also mit Druck einen Gegendruck zu erzeugen, versuchen wir genau das Gegenteil: Um die Spannung auf der Leine zu minimieren, können wir durch ruhiges und rhythmisches Streichen der Leine, indem wir also eine kleine Vibration

VIDEO

Leine ausstreichen

entlang der Leine hinunter zum Hund schicken, seine Aufmerksamkeit wieder auf uns lenken. Hierbei ist es wichtig, darauf zu achten, dass unsere Füße in eine andere Richtung zeigen, damit wir nicht in das eben genannte Streitwagenprinzip verwickelt werden. Der Hund geht meist dahin, wo die Füße hinzeigen!

Den Blickwinkel ändern

»Wir können den Wind nicht drehen, aber die Segel neu setzen.«

(Aristoteles)

Begegnungen können wir positiv für alle Seiten gestalten. Jetzt haben wir ein paar schöne Ideen im Gepäck, und wenn wir gut vorbereitet aus dem Haus gehen, ist das schon die halbe Miete. Wir haben gelernt, dass wir der Spiegel unserer Hunde sind. Die Verhaltensveränderung unserer Hunde beginnt immer bei uns selbst. Sorg dafür, dass du ein gutes Leinenmaterial in der Hand hast, dass du gerne anfassen und fühlen möchtest und mit dem du dich auch sicher verhalten kannst. Ebenso ist es wichtig, darauf zu achten, dass der Hund sich in seinem Geschirr und Halsungsmaterial wohlfühlt. Das spielt eine große Rolle bei Begegnungen. Wenn du dich wohlfühlen kannst und es deinem Hund genauso geht, ist das der direkte Übersetzer für eine gute Begegnung. Eine grundpositive Ausstrahlung und positive Gedanken mit einem festen Ziel vor Augen helfen, den gemeinsamen Weg zu sehen und auch durch schwierige Situationen zu kommen.

Hinweis:

Emotionaler Spiegel: Hunde spiegeln ihre Menschen und deren emotionale Verfassung. Sie fühlen deren Stimmung und reagieren darauf sehr sensibel. Sie zeigen oft Verhaltensweisen, die die inneren Emotionen des Menschen spiegeln.

Atme tief und ruhig. Bleib bei dir. Es ist bei schwierigen Begegnungen nicht wichtig, was andere denken. Hilf dem Hund körpersprachlich, anderen aus dem Weg gehen zu können. Lauf einen Bogen um »Hindernisse«. Nimm den Abstand, den der Hund braucht, damit er nicht reagieren muss. Wenn nötig, geh mit ihm auf die andere Straßenseite. Bleib fair, geduldig und ruhig. Lob ihn, wenn die Situation gut gemeistert ist. Er wird sich freuen, stolz auf dich und sich selbst sein und dieses Gefühl häufiger zeigen wollen. Gut gemacht!

1

2

3

4

Wenn die Füße in die selbe Richtung zeigen: Streitwagen!

Besser: Zum Hund drehen!

Impulse einfangen und auffangen

Bei diesem Training ist dein Timing von enormer Bedeutung. Zukünftig möchten wir, dass dein Hund beim Anblick eines Artgenossen, oder wenn er von diesem angebellt wird, sich zu dir wendet.

Hinweis:

Verhaltensreflexion: Viele Verhaltensschwierigkeiten bei Hunden sind Ausdruck ungelöster Probleme ihrer Menschen. Sich um die eigene emotionale Gesundheit zu kümmern, kann sich positiv auf das Verhalten des Hundes auswirken.

Nun ist wichtig, den Moment abzupassen, in dem sich dein Hund noch ruhig verhält. Da entscheiden oft nur Sekunden. Dieses Verhalten kannst du mittels eines gut trainierten Markersignals, wie »TOP« oder »Klick«, oder gerne auch mit einem Clicker, einfangen. Der Hund bekommt von dir also eine Bestätigung für sein gutes Verhalten – just in dem Moment, in dem er es ausführt. Auf das Signal folgt dann ein gutes Futterstück.

Am besten gehst du so vor:

Du stehst in einem guten Abstand zum Auslösereiz. Der Abstand muss so gewählt sein, dass dein Hund zwar den Reiz sieht, aber noch nicht reagiert. In diesem Moment gibst du dem Hund das Markerwort oder das Click-Geräusch und die Futterbelohnung. Dieses Futter sollte sehr hochwertig sein. Für Hunde, die in stressigen Situationen nicht kauen können, haben sich Schleckpasten sehr bewährt. Das Futter bleibt so lange am Hund, bis der Reiz weg ist. (Also mehr als ein Leckerli ist nötig.)

Ganz wichtig ist, dass der Hund nicht zum Menschen schauen muss. Wenn man vor etwas Bedenken hat oder sich davor fürchtet, kann man gerade zu Anfang nicht von dem Reiz wegschauen. In der Situation ist das oft für Hunde nicht leistbar. Bitte achte unbedingt auf den guten Abstand zum Reiz. **Dein gutes Management bedeutet hier alles und entscheidet über den**

weiteren Erfolg. Hat dein Hund mit der Methode schon einige gute Begegnungen aushalten können, kannst du den Abstand zum Reiz verringern oder du bringst dem Hund bei, künftig mit dir an dieser Situation weiter zu laufen oder aus der Situation zu gehen.

Der Aufbau eines **Alternativverhalten** mittels eines sogenannten Körpertargets ist auch eine gute Lösung. Körpertargets, wie das Handtouch oder Stupsen am Bein werden von Hunden in solchen Situationen meist besser umgesetzt als das »Schau«-Signal.

Hinweis:

Gruppendynamik: Hunde betrachten ihre Familie als ihre Gruppe und ihr Verhalten wird von ihrer Rolle innerhalb dieser Gruppe beeinflusst. Die Etablierung einer klaren Führung und Struktur kann ihr Verhalten und ihr Sicherheitsgefühl verbessern.

Aufbau eines Handtouch: die magische Hand

Setz dich auf einen Stuhl und positioniere den Hund vor dir. Es ist dabei egal, ob er sitzt oder steht. Du hast ein paar kleine, weiche Futterstücke und arbeitest mit dem Clicker oder deinem Markwort.

Biete jetzt deinem Hund die flache Hand auf Sichthöhe an. Vorsicht! Die Hand nicht auf den Nasenspiegel schlagen. Der Hund wird eigenständig mit der Nase an die Hand gehen, weil er schnuppern möchte. Direkt in diesem Moment gibt es das Markersignal.

Geht der Hund nicht an die Hand, kannst du sie zunächst spannend machen. Bewundere deine Hand, mach sie zu etwas Besonderem und biete sie nochmals an. Das Stupsen an der Hand kannst du mehrfach wiederholen. Bei einem Ampelprinzip von 10 Übungen sollte der Hund 8-mal sicher mit der Nase an die Hand gegangen sein. Dann kannst du das Wortsignal »Touch«, »Hand« oder »Stups« einfügen.

VIDEO
Handtouch

VIDEO
Handtouch generalisieren

Wichtig ist auch hier, diese Übung in verschiedenen Situationen zu erarbeiten, an anderen Orten und in Bewegung.

Der Aufbau eines Handtouch ist auch sinnvoll für das Führen des Hundes, ohne an der Leine ziehen zu müssen. Du kannst den Hund wunderbar über das Handtarget beispielsweise auf die andere Körperseite manövrieren. Der Hund folgt der Führung dieser Hand.

Kleine Übung zur Körpersprache

»Hunde geben uns den Schlüssel zu ihrer Seele.«

(unbekannt)

Hinweis:

Selbstfindung: Das Beobachten und Verstehen des Hundeverhaltens kann zu einem größeren Selbstbewusstsein führen. Es kann Aspekte der eigenen Persönlichkeit und des emotionalen Zustandes hervorheben, die einem vielleicht so möglicherweise nicht bewusst waren.

Hunde sind üblicherweise keine besonders verbalen Lebewesen. Ausnahmen bestätigen sicher die Regel. Wie die Stimmung unserer Hunde ist, können wir gut über ihre Körpersprache erkennen. Daher sollten wir Menschen in der Lage sein, die Sprache unserer Hunde deuten zu können. Sicher wird hie und da das eine oder andere Hundesignal zu menschlich interpretiert, da kann es schon mal zu Missverständnissen in der Kommunikation kommen. Es gibt aber wunderbare Literatur und Kurse, die das Auge des besorgten Hundehalters schulen können.

Man kann gemütlich im trauten Heim anfangen und die ersten Beobachtungen direkt am Körper des Hundes erkennen. Die Kommunikationssignale findet man immer in einer Gesamtheit über den ganzen Körper verteilt, und trotzdem sollte man sich zur Übung einmal einzelne Körperregionen vornehmen. Die Ohren beispielsweise. Sind sie aufgerichtet? Wie bewegen sie sich, wenn der Hund aufgeregt ist? Wenn Besuch kommt? Wenn er verschmust ist? Man kann sich so jedes Körperteil einmal gezielt vornehmen und sehen üben. Wäre es nicht wunderbar, schon an der Ohren- oder Rutenstellung zu erkennen, wann er in den Wald losstarten will?

Tipp:

Da, wo Hunde länger als 3 Sekunden hinschauen, wollen sie in der Regel auch gerne hin. Willst du nicht, dass dein Hund auf einen anderen zu rennt oder hinter dem Reh herläuft, dann lenkst du idealerweise einfach seinen Blick um.

Der Weg zur inneren Mitte ist rund: Dialogische Führung

Vor gut 15 Jahren habe ich aus der Not heraus ein heute sehr erfolgreiches Training entwickelt. In meine Hundeschule kamen immer mehr Hunde, die scheinbar aus der Haut fuhren. Sie waren nicht in der Lage, einfachste Hindernisse zu absolvieren, sei es im Wald oder in der Hundeschule. Dementsprechend war ihr Verhalten sehr instabil. Schnell konnte man sehen, dass ihre körperlichen Mankos mit ihrer verhaltensoriginellen Art zu tun hatten. Der Stress des Alltags und ihrer Menschen übertrug sich eindeutig auf das Verhalten der Vierbeiner und sie wurden deutlich unsicherer. Viele Hundehalter sind in der Außenwelt derartig abgelenkt und gestresst, dass sie das gute Verhalten ihrer Hunde nicht wahrnehmen können und dementsprechend auch nicht bestätigen. So sammeln sich immer mehr negative Erlebnisse, die letzten Endes zum großen Problem heranwachsen können.

Mir war es wichtig, ein Training zu ermöglichen, bei dem der Hundemensch sein Gesicht nicht verliert und seinen Hund wertschätzen kann. So entstand mein »Minddog®-Training«, das sich heute in vielen Hundeschulen großer Beliebtheit erfreut. Alarmbeller, Spieljunkies und traumatisierte Angsthasen finden in einem Gerätekreis mit überschaubaren Hindernissen zur inneren Ruhe. Und das scheinbar wie von Zauberhand. Dieses Training verhilft aber nicht nur zu mehr Gelassenheit, verhaltensauffälligen Hunden wird auch ein Einstieg ins Gruppenleben ermöglicht.

Es ist eine Kombination aus Elementen des Longierens und der »Tellington-TTouch®-Methode«. Der Aufbau ist einfach: 10 bis 15 Geräte aus dem sensorischen und motorischen Bereich bilden einen Kreis, der 8 bis 20 Meter im Durchmesser misst. Zu den Etappen zählen unter anderem horizontal liegende Leitern, wackelige Bretter oder auch ein Trampolin. An jeder Station wird Halt gemacht und die Reaktion des Hundes abgewartet. Interagiert er mit dem Gerät, wird er dafür belohnt. Der Zauber: Hunde lernen dadurch, von sich aus eine gute Entscheidung zu treffen. Kein Hund wird gezwungen. Wir brauchen keine Joystickhunde, sondern Tiere, die lernen, zu denken.

Ein Training, das jeden Hund verändert

Bevor wir loslegen, darf der Hund in einer Einzelstunde alles beschnuppern. Hunde sind sogenannte Makrosmaten, das sind Tiere, bei denen der Geruchssinn sehr gut entwickelt ist. (Auch kurzschnauzige Hunde können Gerüche wahrnehmen!) Sie fühlen sich im Training nur dann sicher, wenn sie die Umgebung auch einmal mit der Nase abscannen dürfen, um ankommen zu können. Sogar Markieren ist erlaubt, natürlich nicht an den Geräten, aber im Umkreis der näheren Umgebung an Bäumen.

Gerade verhaltensauffälligen, gehandicapten Vierbeinern oder auch versehrten Hunden aus dem Ausland hilft der stark ritualisierte Ablauf, um zur Ruhe zu kommen und eine Lösung finden zu können. Mit dieser Übung sollen sie zukünftig selbstständig einen Weg wählen können, um nicht mehr »auszuflippen« – wenn sich zum Beispiel ein Artgenosse nähert oder wenn etwas für sie unerwartet Beängstigendes geschieht. Eine gute Lösung wäre dann beispielsweise, den Blick in die Richtung des Hundemenschen zu wenden.

Denn auch das ist ein Ziel im »Minddog®-Training«: eine engere Bindung zwischen Hund und Halter zu schaffen, gegenseitiges Vertrauen aufzubauen und um Hilfe zu fragen. Für den Einstieg sind Grundkenntnisse nicht erforderlich. Bei der Übung werden im Kreis Hilfs- und Führungssignale sowie der Clicker oder ein Markerwort eingeführt. Das sind alles Hilfsmittel, die ich in den Alltag mitnehmen kann. Das Training eignet sich auch für Welpen. Den Unterschied machen die vielen spielerischen Elemente während der Übungsstunde. Der Spaß und die Begeisterung kommen bei Hund und Halter definitiv nicht zu kurz. In der Regel warten die Hunde schon mit sichtlicher Vorfreude vor dem Tor der Hundeschule.

Der Hund gibt das Tempo vor

Nach dem ersten Beschnuppern geht es an die Übungsrunden. Nacheinander kommt jedes Gerät im Kreis dran. Dabei soll der Hund selbst auf die Idee kommen, wie er das jeweilige Hindernis betritt. Kommt er auf eine Lösung, wird geclickert und er erhält ein Leckerli. Über das Herantasten an die Geräte lernt er, dass er Dinge selbst schafft. Und über das positive, **selbstverschaffte Erfolgserlebnis** erhält er mehr Selbstvertrauen und Mut. Eine Trainingseinheit dauert etwa eine Stunde. Um den Hundekopf nicht überzustrapazieren, werden alle drei bis fünf Runden Pausen eingelegt. Dann darf der Hund schnüffeln und mal den Kopf ausschalten. Anfangs entsprechen 10 Minuten Minddog® oft einer Stunde Gassigehen.

Die Hunde sind danach wirklich müde. Jede Station wird daher mit Ruhe und ohne Stress abgehandelt. Zeigt der Hund Angst vor einem Gerät, geht es weiter zum nächsten, wo ihm ohne Druck die Gelegenheit geboten wird, wieder kreativ zu werden. Ist der Hund an einem Tag schlecht drauf und kann sich wenig konzentrieren, wird auch der kleinste Schritt in die richtige Richtung positiv verstärkt.

Minddog® findet ausschließlich an der Leine statt. Zum einen, weil sie quirlige oder auch aggressive Wirbelwinde im Zaum hält. Zum anderen, weil der Vierbeiner ein positives Erlebnis an der Leine erfahren soll. Das Training für Leinenführigkeit gibt es also gleich noch mit dazu. Bevor es in die Gruppe geht, soll der Hund lernen, auf Entfernung ruhig zu bleiben. Dafür wird, als Herausforderung und mit Abstand, ein Artgenosse auf der Trainingswiese positioniert, zu dem der Hund Blickkontakt aufbauen darf und auch soll. Bleibt er dabei ruhig, gibt es natürlich sofort eine Belohnung. Später treffen sich in der Gruppe bis zu 6 Hund-Mensch-Teams. Diese variieren regelmäßig, um den Hund auf wechselnde Situationen vorzubereiten. Entstehen Rivalitäten, wird Distanz zum Artgenossen aufgebaut. Durch dieses Training wenden sich die Vierbeiner auch schnell wieder neuen Geräten zu und konzentrieren sich auf ihre Aufgabe.

Die Kombination macht's

Viele Hunde zeigen Aggressionen, weil sie keine gute Selbstwahrnehmung besitzen und ihren Körper nicht im Griff haben. Die Hinterhand verarmt, sie werden steif. Mithilfe der »Tellington-TTouch«-Bandagentechnik und den Physiogeräten werden die Vierbeiner lockerer und sie entwickeln ein neues Bewusstsein für sich selbst.

VIDEO

Bänder nutzen

Die Körpersprache, die der Hundemensch im Minddog® einsetzt, wird aus dem Longieren übernommen. Bei dieser Trainingsform wird nur sehr wenig Sprache eingesetzt. Loben darf man beim Minddog® aber zu jeder Zeit. Zahlreiche Hunde heben nicht gerne den Blick zu ihren Menschen, in diesen Fällen helfen Körpertargets weiter, die sie berühren können, um den Hundemenschen zu kontaktieren. Viele Hundefreunde sagen, dass sie durch dieses Training eine neue Kommunikationsebene mit dem Hund erhalten haben. Der Hund kann lernen, den Kopf zum Reiz zu bewegen, ohne »aus der Haut zu fahren«. Alles, was ihm vorher Angst gemacht hat, darf er freiwillig anschauen, und dafür wird er auch ausreichend bestätigt. Der Blick zur Ruhe wird gelobt. **Es ist eine Art Führung zur Selbstführung.**

Übungen für das tägliche Miteinander: Wahrnehmung und Achtsamkeit im Alltag trainieren

»Wir wollen empathisch mit anderen und uns selbst sein.«

(Nadia Winter)

Der Hund ist ein Lebewesen, das aufgrund seines Hierarchie-Bedürfnisses nach Führung und Sicherheit strebt. Er möchte angeleitet werden, sich gerne richtig verhalten und dafür von seinem Menschen geliebt und wahrgenommen werden. **Gemeinsame Routinen**

zu entwickeln, ist daher wichtig. Sie schaffen eine tiefe Verbindung und entstressen den Alltag von Menschen und Hunden enorm. Routinen schaffen eine Verlässlichkeit, die Hunde dringend brauchen. Damit diese täglichen Routinen zur Entspannung und Bindung beitragen können, sollte man diese immer wieder überdenken.

Routinen sind dafür da, sich selbst und den Hund genauer zu erkennen und wahrzunehmen. Wenn man diese beobachtet, kann man – für mögliche künftige Krankheits- oder Altersthemen – erkennen, wie man seinen Hund besser unterstützen kann. Auf den täglichen Spaziergängen oder bei den Routinen im häuslichen Bereich kann man gut beobachten, wie er sich in bestimmten Situationen verhält.

- Verhält sich der Hund an manchen Orten sicherer oder unsicherer?
- Schnuppert er an gewissen Stellen intensiver?
- Wie lässt sich der Hund motivieren?
- Welche Intentionen und Ziele hat der Hund?
- Gibt es dazu weitere Ideen?

Gerne empfehle ich, einmal eine Woche darauf zu achten, hauptsächlich das Gute im Hund zu sehen und wahrzunehmen und Dinge verstärkt zu bestätigen, sei es über Lob, Spiel oder Futter, die sonst als alltäglich und normal ansehen werden. Versuchen wir doch einfach aufzunehmen, was super funktioniert in unserer verrückten Menschenwelt. An mindestens einem Tag in der Woche kann man das Handy zuhause lassen und sich voll und ganz auf sich und den Hund konzentrieren.

VIDEO

Unterwegs sein

Urlaub, ja – aber nur mit Hund!

Für meinen Mann und mich gibt es nichts Schöneres, als mit unseren Hunden auf großer Campingtour zu sein. Oft werde ich von Welpeneltern gefragt, wann sie mit ihrem Hund das erste Mal in Urlaub fahren dürfen. »Na, bald!«, ist meine Antwort.
Wir haben unsere jungen Hunde immer gleich mit ins Zelt oder ins Wohnmobil genommen. Die Bindungsgerüche sind im gemeinsamen Zelt oder Wohnmobil so stark wie sonst nur im Schlafzimmer. Überall duftet es nach dem Lieblingsmenschen, und jeder Tag bringt ein neues spannendes Erlebnis. Das wundervollste aber ist, dass der Hund seinen Menschen entspannt erlebt. Wir wirken im Urlaub sicher freier und gelöster und das macht diese gemeinsame Aktion zu einer der wertvollsten Bindungserfahrungen überhaupt. Wir fahren grundsätzlich nur in Länder und Regionen, wo unsere Hunde willkommen sind. Wir möchten nicht nur geduldet sein. Denn da, wo wir uns wohlfühlen, können wir mehr für unsere Bindung tun, weil wir entspannter sind und das merkt der Vierbeiner.

Bevor es auf Reisen geht, ist es immer empfehlenswert, auf den jeweiligen Länder-Webseiten Informationen über Rasselisten einzuholen. Ist dein Hund willkommen? Benötig er einen EU-Heimtierausweis? Welche Voraussetzungen müssen gegeben sein? Impfungen und Entwurmungen werden zum Beispiel häufig verlangt.

VIDEO

Ruhig an unbekannten Orten

Statte dein Fahrzeug so aus, dass sich dein Hund wohlfühlen kann. Dicke Liegematten auf dem Boden federn die ständigen Geräusche und Unebenheiten aus. Ruhige Musik entspannt den Hund bei der Fahrt. Er braucht eine gute Absicherung im Fahrzeug, entweder ein gutes und weiches Hundegeschirr und Leine oder eine Autohundebox.

In der Box sollte genügend Luft zirkulieren können, die Sonne darf nicht draufscheinen und sie sollte gut gepolstert sein. Der Hund sollte sich darin drehen können, am besten auch stehen. Frisches Wasser und regelmäßige Gassigänge, spätestens alle 2 bis 3 Stunden, sind wichtig. Damit es dem Vierbeiner nicht schlecht wird, füttere ihn 2 bis 3 Stunden vor der Autofahrt. Jungen Hunden wird es schnell mal übel bei einer Autotour; sie müssen sich erst ans Reisen gewöhnen und ihren Körper auf Kurven und Schnelligkeit einstellen. Bewährt hat sich bei uns das akustische Entspannungssystem »Relaxodog«. Die Hunde überhören so Geräusche von außen und können sich dabei gut entspannen. Eine Entspannungsmusik sollte man vorher zuhause gut konditioniert haben. Beim Wohnmobilfahren ist immer der Weg das Ziel: Der Weg zu deinem Lieblingsurlaubsort sollte mit schönen Erlebnissen gespickt sein, um die Fahrt für alle so angenehm wie möglich zu gestalten.

Auf Reisen dabei sollte sein:

- EU-Heimtierausweis mit geforderten Impfungen (mit dem Tierarzt abklären)
- Dicke Hundematte
- Schwipp-Schwapp-Wassernapf
- Hundebademantel und Trockenhandtücher
- Futterschüssel
- Absicherung für den Hund (Hundebox/Sicherheitsgurt)
- Maulkorb (wird häufig gefordert und sollte auftrainiert werden)
- Lieblingsspielzeug, Schleckmatte
- Notfallset und Medikamente (am besten den Tierarzt darauf ansprechen)
- Pfoten-Schuh für kleine Verletzungen an Kralle oder Ballen
- Lieblingsmusik oder den »Relaxodog«, Lieblingsduft zur Entspannung
- Sonnen- und Insektenschutz

Eine laue Sommernacht im Garten ist ebenso eine spannende Erfahrung. Im Sommer gibt es immer wieder heiße Nächte, bei denen nicht nur mein Max froh war, mit mir auf der

Terrasse meines Hauses zu schlafen. Für Hunde, die sich nachts draußen nicht so gut entspannen können, ist es einfacher, zunächst im Zelt zu übernachten. Es ist in jedem Fall ein Erlebnis und sorgt für eine ordentliche Portion Bindungsdüfte.

Bei einem Hotel- oder Ferienwohnungsaufenthalt rate ich, unbedingt darauf zu achten, dass Hunde willkommen sind. Gibt es Bewegungsmöglichkeiten für den Vierbeiner? Kann er Artgenossen kennenlernen oder ihnen aus dem Weg gehen? Wie ist die Infrastruktur? Nur da, wo Mensch und Hund sich gleichermaßen wohlfühlen, ist es möglich, anzukommen, auszuspannen und Urlaub zu machen.

Abruftraining im Urlaub

Wer träumt nicht von einem tierisch guten Begleiter, der frei und jederzeit abrufbar am Strand herumtollen kann? Es ist einer meiner absoluten Lieblingstipps, das Abruftraining in den Urlaub zu verlegen – dahin, wo Mensch und Hund sich besonders wohlfühlen, entspannt sein können, Alltagsstress vergessen und die Traumumgebung stimmt. Ob mit Schleppleine oder ohne Leine, wenn du das Abrufsignal mit einem Superfutter (Achtung, keine Möhren oder trockene Kekse), dem Lieblingsspielzeug und dem weiten Strand kombinierst, hebt dies das Training auf ein komplett neues Niveau. Der Hund erlebt dich mit Freude und Gelassenheit in einer großartigen Umgebung. Wer kommt da nicht gerne zurück zu diesem Menschen? Für mich ist mein Urlaub mein Gedankenanker. In jedem Urlaub baue ich den Abruf, mit Freude und Lust, wieder neu auf – meine Hunde lieben dieses Training.

VIDEO
Abruf am Strand

VIDEO
Stopppfiff und Abruf

VIDEO
Rückpfiff

»Da es keine gemeinsame Sprache gibt, sind Emotionen vielleicht unser effektivstes Mittel zur Kommunikation zwischen den Arten. Wir können unsere Emotionen teilen, wir können die Sprache der Gefühle verstehen, und deshalb bilden wir tiefe und dauerhafte soziale Bindungen mit vielen anderen Lebewesen. Emotionen sind der Klebstoff, der verbindet.«

(Marc Bekoff)

Lebensraum Wald

Hundemenschen sind allgemeinhin eher selten erkältet als Nichthundehalter. Nicht zuletzt liegt das daran, dass sie bei Wind und Wetter raus müssen. Viel an der frischen Luft sein, mit flotten Spaziergängen, das ist ein Booster für das Immunsystem. Im Wald steigt das Wohlbefinden. Wer sich mindestens 2 Stunden mit dem Hund beweglich im Wald aufhält, hat im Schnitt eine fast 2 Jahre höhere Lebenserwartung. Der Spaziergang im Wald baut Stress ab und weckt die Selbstheilungskräfte.

Es ist selbstverständlich, dass Mensch und Hund sich im Wald ordentlich verhalten. Hier gilt der Leitsatz: **»Die Freiheit eines jeden beginnt dort, wo die Freiheit eines anderen aufhört.«** Ist es dem Hund nicht möglich, sich im Wald auf seinen Menschen zu konzentrieren und ist er nicht gut abrufbar, dann muss er an die Leine. Hierzu gibt es inzwischen hochwertige Biothane-Schleppleinen, die bei schlechterem Wetter gut einsetzbar sind.
In der Brut- und Setzzeit – in der Regel von April bis Juli – muss der Hund zu jederzeit für seinen Menschen erreichbar sein und auf den befestigten Wegen des Waldes bleiben.
Je nach (Bundes)Land herrscht Leinenpflicht. **Dabei heißt Leine dran nicht Spaß-Ende!**

»Ich möchte jeden Menschen dazu ermutigen, den Weg des Herzens zu gehen. Den Weg zu wählen, der über die Liebe geht und nicht den über die Angst zu gehen. Nur so kann die Welt zu einem besseren Erdenrund für alle Lebewesen werden. Wenn wir uns von unserem Herzen und nicht nur über unseren Verstand leiten lassen, werden wir liebevollere und menschlichere Entscheidungen treffen. Empathie erzeugt Empathie und die Fürsorge und Liebe für Tiere überträgt sich auf Mitgefühl und Fürsorge für Menschen. Es ist sehr wichtig, die Schale gefüllt mit Mitgefühl frei und weithin zu teilen.«

(Dalai Lama)

Jagdverhalten sinnvoll einbeziehen

Die meisten von uns haben Hunde mit Jagdambitionen. Ein Leben lang gegen deren Bedürfnisse zu arbeiten, ist zum Scheitern verurteilt. Was nicht bedeutet, dass der moderne Haushund wie die Axt im Walde agieren kann. Gezielte und kontrollierte (Anti-)Jagdtrainings können dabei helfen, seine Leidenschaft in die richtige Bahn zu lenken und dabei spielerisch eine gute Bindung aufzubauen. Dafür braucht der Hund eine gewisse Verbindlichkeit seines Hundemenschen.

VIDEO

Nasenarbeit

Die Erfüllung seiner Bedürfnisse ist wichtig, aber wichtig ist auch: gemeinsam mit seiner Lieblingsperson und sinnvollen Aktivitäten. Hunde haben eine gewisse intrinsische Motivation, das ist die Fähigkeit, in sich selbst eine gewisse Zufriedenheit zu finden. Beim Hund ist das die Neugier, es ist die Freude darüber, neue Entdeckungen zu machen und Herausforderungen zu meistern. Es gibt Hunde, die meist auch rassebedingt entdeckungsfreudiger sind als andere. Mit ein paar schönen Übungen bleibst du mit deinem Hund in Kontakt und er darf mit dir gemeinsam die Welt entdecken.

Longieren als gelenkte Bewegung

Longieren eignet sich prinzipiell für alle Hunde, da man die Aktivitäten auf die Bedürfnisse des Hundes individuell einstellen kann. Hunde mit einem körperlichen Handicap, Senioren und auch kleine Hunderassen können diesen Sport angepasst und nach Absprache mit dem Tierarzt gut mitmachen.

Longieren hat positive Auswirkungen bei verhaltensauffälligen Tieren. Hunde mit Bindungsschwierigkeiten oder mit kleinen Aggressionsmustern, Jagdverhalten, introvertierte und unsichere Hunde lassen sich hierüber schön trainieren und

VIDEO

Longieren

beschäftigen. Hütehunde lieben diese Sportart, aber auch andere lauffreudige Vierbeiner sind gut dafür geeignet.

Sinnvoll und reizend

Eine Möglichkeit, das natürliche Jagdverhalten zu nutzen, besteht im kontrollierten Einsatz einer **Reizangel**, ein herrliches Spiel, um die Impulskontrolle zu trainieren. Die Reizangel wirkt hinsichtlich der Erregungslage des Hundes ähnlich einem Jagdverhalten. Das macht es zu einem guten Trainingswerkzeug, mit dessen Hilfe sich Impulskontrolle und die Erreichbarkeit des Hundes trainieren lassen. Das benötigte Utensil kannst du zuhause selbst herstellen. Du benötigst nur eine Stange, eine dickere Kordel und ein Lieblingsspielzeug.

Die Reizangel kann ein lustiges Spiel sein, bei dem man die Stange mit einem Spielzeug am Ende herumschwingt und den Hund das angehängte Spielzeug fangen lässt. Etwas für Fortgeschrittenere ist es dann, dem Spiel Regeln hinzuzufügen. Zum Beispiel kann man dem Hund beibringen, das gefangene Spielzeug auf Signal auszulassen und einzutauschen oder das Spielzeug nur auf Signal in den Fang zu nehmen. Diese Spiele können dem Hund bei der Impulskontrolle helfen und gleichzeitig eine freudige Bereicherung in der Mensch-Hund-Bindung darstellen. Damit der Hund keine ungewollte Frustration aufbaut, sollte man ihn auch immer wieder mal gewinnen lassen: Das Gewinnen fördert ungemein das Selbstwertgefühl und macht sicherer. Die Reizangel wird nicht dazu verwendet, den Hund minutenlang unkontrolliert dem Spielzeug hinterherjagen zu lassen. Nur sinnvoll eingesetzt ist dieses Spiel eine echte Bereicherung. Der Hund sollte zudem gesund sein!

Am besten, du lässt deinen Hund bei dir absitzen. Du hältst die Reizangel so, dass er nicht an das Spielzeug kommt. Also weit oben. Das Spielzeug an der Schnur wird nun auf den Boden abgesenkt und der Hund bekommt die Freigabe, hinterherzulaufen. Kann er den Impuls vor der Freigabe noch nicht aushalten, geht die Angel wieder nach oben und du wiederholst dein Signal »Sitz«. Kann er das schon gut, darf er zur Belohnung der Beute kurz hinterherlaufen, indem du dich im Kreis mit der Angel drehst. Ist der Hund nicht in der Lage, das Spielzeug herauszugeben, beispielsweise auf das Signal »Drop«, wird das gemeinsame Spiel zunächst einfach unterbrochen. Das »Drop-Signal« kannst du mit meiner Anleitung gut auftrainieren (siehe Seite 116). Dieses Spiel lässt sich dann langsam steigern.

Wichtig:
Nach einer gemeinsamen »Jagd« ist es sinnvoll, auf eine gemeinsame Auszeit mit dem Hund zu achten. Kuscheln, Streicheln oder Massieren ist beruhigend für Tier und Mensch und während der gemeinsamen schönen Zeit wird auch das Bindungs- und Partnerschaftshormon Oxytocin gebildet – es wirkt harmonisierend, stressreduzierend und aktiviert Transmittersysteme, die helfen, die (gelernten) Informationen schneller und besser ins Langzeitgedächtnis zu übertragen.

Wald- und Wiesen-Longieren

Die Bindung zwischen Hund und Mensch steht beim Longiertraining an erster Stelle und wird durch Einübung von Signalen auf Distanz besonders schön intensiviert. Dieses Training erfordert eine hohe Aufmerksamkeit von beiden Seiten. Hier wird die Führung und Lenkung über die Körpersprache trainiert. Orientierung, Motivierbarkeit, Koordination und Konzentration werden hier hochgefahren.

Das Training schließt sowohl grundlegende Signale als auch abwechselnde Aufgabenstellungen mit ein. Nicht jeder hat einen großen Garten, um einen Longierkreis von 20 Metern Durchmesser aufzubauen. Doch das Geniale ist: Longieren mit Hund ist sogar im Wald möglich. An Bäumen, Landmarken, Kreisen aus Ästen und anderen Hindernissen ist das wertvolle Training möglich. Integriert werden können Aufgaben wie Abliegen, Absitzen, Laufen und Stopp auf Entfernung. Toll ist, dass man sich komplett ohne Worte versteht und auch jagdlich motivierte Hunde das Longieren an der Schleppleine mitmachen können.

VIDEO

Rundherum – umrunden

Waldbaden mit Hund

Aha! Intuitiv haben wir es schon längst gewusst, Studien belegen es inzwischen: Bewegung im Wald hat einen besonderen Einfluss auf unser Wohlbefinden. Der Klang des Waldes, der Duft der Kiefernzapfen und der moosigen Erde sind unbezahlbar – ein Waldspaziergang mit dem geliebten Vierbeiner macht den Kopf frei, beruhigt und belebt zugleich die Sinne, und zwar bei Hund und Mensch. Man kann sich also eine ordentliche Portion »Wald-Therapie« verordnen.

Der Wissenschaftler Professor Dr. Qing Li von der Nippon Medical School in Tokio konnte in Studien die positiven Effekte des Waldspaziergangs nachweisen. Er stellte in einer Vergleichsstudie fest, dass sich das Stresshormon Cortisol bei den Teilnehmern der Studie deutlich reduzierte. Zudem sanken der Blutdruck und die Herzrate. Der sogenannte Parasympathikus, also der Ruhe-Nerv, wurde aktiviert. Man konnte die höchste Konzentration an natürlichen Antibiotika in den Baumwipfeln messen. Das ist sicherlich auch ein Grund, weshalb wir uns im Wald so pudelwohl fühlen.

Es spricht nichts dagegen, beim Waldspaziergang auch kleine Aktivitäten einzubauen. Entweder, indem man auf einer Ruhebank immer wieder ein kleines »Auszeit-Training« einbaut und dann weitergeht, wenn der Hund ruhig geworden ist, oder eine Picknick-Decke mitnimmt und ein paar schöne Momente lang unter dem Rascheln der Bäume verweilt und dem Gezwitscher der Vögel lauscht.

Waldbaden mit Hund führt zu einem beziehungsstärkenden Miteinander, nicht zuletzt auch zu einer natürlichen Balance, dialogischen Führung und Folgen in der Natur. Menschen können durch das entspannte Führen in der Natur ihrem Hund Stress und falsch verstandene Verantwortung abnehmen. Erlebnisorientiertes Entdecken unterschiedlicher Sinnesreize wird auch geübt. Loslassen und miteinander entspannt sein – gemeinsames Erleben stärkt den Zusammenhalt im Team und die Verbundenheit zueinander.

Die Auswirkungen für das Mensch-Hund-Team liegen dabei auf der Hand. Im Wald kann die Wahrnehmung und Achtsamkeit zu einem verbesserten Verständnis füreinander führen. Gefühle und Bedürfnisse lassen sich hier im Naturraum besser wahrnehmen. Das bewusste Beschreiten und Arbeiten im Wald lässt Mensch und Hund entspannt miteinander umgehen.

VIDEO

Regulation

Aufgeregter Hund im Wald

Manche Hunde müssen erst lernen, sich zu regulieren, wenn sie in für sie spannende Gefilde kommen. Hierzu ist es zunächst wichtig, selbst zur Ruhe zu kommen. Wenn wir selbst nicht entspannt sind, können wir das von unserem Vierbeiner nicht einfordern. Das wirkt nicht authentisch. Daher wählen wir Übungen und Umgebungen, bei denen wir das leicht umsetzen können. Eine Möglichkeit, den jungen Wilden zur inneren Ruhe zu verhelfen, ist, immer wieder einen Stopp einzulegen, an einer Parkbank, einem Baumstamm, oder ihn einfach nur zwischen die Beine zu nehmen (Signal »Komm nachhause« oder »Home«). Der Hund wird am Brustbein und an der Schulter so lange gestreichelt, bis er sich beruhigt und der Muskeltonus herunterfährt.

Diese Übung ist ebenso für viele anderen Bereiche hilfreich, bei Begegnungen mit anderen Tierarten, kleinen Hunderangeleien, kurzen Schockmomenten. Hilfreich ist es auch, zuvor zuhause das »Home«-Signal ausreichend zu trainieren, sodass es auch auf dem Spaziergang abrufbar ist. Bitte unbedingt daran denken, dass alle Signale generalisiert werden müssen. Alles, was wir zuhause erarbeiten, muss nochmals an unterschiedlichen Orten aufgearbeitet werden, damit es für den Hund ausführbar ist.

Stopp-Spiel

Auf dem Waldboden finden wir immer wieder Äste, umgekippte Baumstämme und andere Hindernisse. Diese verwende ich sehr gerne, um ein Stopp-Spiel beim Spaziergang einzubauen. Gemeinsam gehen Hund und ich fröhlich und wippenden Schrittes in Richtung dieses Hindernisses. Unser beider Füße kommen abrupt am Ast oder Baumstamm zum Stehen und ich lade meinen Hund dann gezielt mit einer körperlichen Einladung ein, über den Ast oder

Stamm zu gehen. Der Körper beugt sich leicht in die Gangrichtung, der rechte Arm zeigt nach vorne und der zugewandte Blick sagt dem Hund: »Jetzt! Und nur gemeinsam gehen wir über das Hindernis.«

Ein Zebra am Tag kann uns helfen, den Hund in den Innenfokus zu holen

Eine wunderbar einfache Möglichkeit, mit nahezu jeder Tierart einen positiven, achtsamen Kontakt herzustellen, sind die »TTouches« (Berührungen) aus der »Tellington-TTouch®-Methode«. Linda Tellington Jones hat diese in den Sechzigerjahren an Pferden eingeführt und entwickelt sie seit über 50 Jahren weiter. Sie war in ihrem Denken und Handeln rund um das Wohlergehen von Tieren, unserem Verständnis und dem Respekt Tieren gegenüber, ihrer Zeit immer weit voraus. Die Methode stabilisiert und vertieft die Beziehung zu unseren Tieren, egal welchen Alters, und hilft unter anderem Stress, Angst und Schmerzgeschehen (ohne den Tierarzt ersetzen zu wollen) abzubauen.

Es gibt über 30 unterschiedliche »TTouches«, die durch ein Verschieben der Haut im Kreis, also kreisend, oder hebend und gleitend ausgeführt werden. Für die meisten der »TTouches« braucht es kaum Übung und sie lassen sich in jeder erdenklichen Situation anwenden.

Der **»Zebra-TTouch«** (früher »Zick-Zack-TTouch«) ist so eine einfache und wundervolle Berührungsmöglichkeit, um den Hund aus dem Außenfokus zu holen und in stressigen Situationen wieder ins Hier und Jetzt zu bringen. Er gibt ihm die Zeit, Umgebungsreize besser zu verarbeiten. Außerdem kann er eine Art Einstiegsberührung für Hunde sein, die sich nicht gerne sehr bewusst anfassen lassen (zum Beispiel beim Tierarzt), da er das Nervensystem auf Berührung vorbereitet. Auch unsichere Hunde profitieren von diesem einfach auszuführenden »TTouch«, denn er verbindet die vordere und hintere Partie des Hundekörpers miteinander. Die Hinterhand ist normalerweise nicht so stark im Bewusstsein des Hundes präsent, vor allem bei unsicheren Hunden, die die Rute klemmen und die Hüft-, Knie- und Sprunggelenke stark beugen, um sich »klein zu machen«.

Der »Zebra-TTouch« lässt sich durch langsamere Streichungen beruhigend einsetzen. Wenn mehr Aktivierung erwünscht ist, kann er auch etwas schneller und an vielen verschiedenen Stellen des Körpers ausgeführt werden.

Bei einer gesunden Wirbelsäule lässt er sich auch über den Rücken von einer Körperseite zur anderen einsetzen. Unruhigen Hunden hilft zu Beginn oft, etwas schnellere

Ausstreichungen zu benutzen und mit einkehrender Ruhe auf langsamere Bewegungen umzustellen. Wichtig ist eine rhythmische Bewegung während der Ausführung. Die Druckstärken sind eher gering, so wie alle »TTouches« der »Tellington-TTouch®-Methode« sich in einem sanften Druckstärkenbereich bewegen. Wichtig ist hier, wie bei allen aufgeführten anderen Möglichkeiten des Trainings, genau auf das Feedback des Hundes zu achten.

Und so geht's *(Gabi Maue und Nadia Winter)*

Stell dir beim Gleiten mit den Fingern über dem seitlichen Körper des Hundes ein Zick-Zack-Muster vor.

Die weiche und flache Hand mit geradem Handgelenk und leicht gespreizten Fingern wird auf die Schulter des Hundes zwischen Schultergelenk und Ellenbogen gelegt.

Die erste Bewegung wird schräg Richtung Wirbelsäule ausgeführt. Dabei krümmen sich die Finger leicht, die Bewegung wird gegen die Fellwuchsrichtung ausgeführt und bringt Aufmerksamkeit in den Körper. Sie endet unterhalb der Wirbelsäule.

Nun wird die Hand in einer weiteren schrägen Linie Richtung des Bauches bewegt.
Die Finger liegen dabei weich auf dem Hundekörper.

Diese beiden Bewegungen in Zick-Zack-Linien mit den unterschiedlichen Stellungen der Finger werden vom Schulterblatt bis zur Hinterhand rhythmisch wiederholt. An der Hinterhand angekommen, kann der »Zebra-TTouch«, wenn möglich, mit einem Abstreichen des entsprechenden Hinterbeines und einem leichten Umfassen der Pfote beendet werden.

Meist beginnt man den »Zebra-TTouch« auf der von uns abgewandten Seite des Hundes. Um ihn auch auf der anderen Seite auszuführen, ist es nicht sinnvoll, den Hund nun umzudrehen oder selbst die Seite zu wechseln, wenn ein unruhiger Hund gerade zur Ruhe gekommen ist.

Durch ein einfaches Drehen der Hand zeigt die Innenseite der Hand nun auf die uns zugewandte Seite des Hundes und lässt die Ausführung des »Zebra-TTouch« zu.

Das Anlegen eines halben Körperbandes, eines Werkzeugs aus dem Tellington-Equipment, hat eine ähnliche und noch länger andauernde Wirkung auf das Körperbewusstsein und das Nervensystem des Hundes.

VIDEO

Wunderbaum

Wunderbäume im Wald

Es gibt jede Menge Wunderbäume im Wald. Hunde wissen das! Du kannst runde Futterstücke auf Äste spießen oder kleine Käsestücke, Leberwurst oder Schmierkäse in grobe Baumrinden drücken, und der Hund darf dann versuchen, an diese Leckereien heranzukommen. Manchmal hänge ich kleine Packschnurfäden zwischen die Äste und fädle runde Leckerlis darauf. Meine Hunde freuen sich ganz besonders auf diese kleine Futterherausforderung.

Apportiertraining im Wald und auf der Wiese – gemeinsam jagen

Das Apportiertraining, die sogenannte Dummyarbeit, ergibt für mich großen Sinn und macht meinen Hunden besonders viel Freude. Natürlich ist diese Art der Auslastung nur etwas für apportierfreudige Hunde. Jagdlich ambitionierte Vierbeiner hält man so ordentlich bei Laune. Eine gut aufgebaute Apportierarbeit kann sogar verhindern, dass dein Hund unkontrolliert im Wald umherläuft. Und es dafür sorgen, dass er lieber mit dir arbeitet, als seinen eigenen Ideen zu frönen. Dummyarbeit eignet sich dabei nicht ausschließlich für Retriever. Für andere Rassen und Mischlinge kommt dieses Training ebenso infrage. Wirklich schön daran ist die Vielseitigkeit. Das Training lässt sich auf jeden Hund individuell anpassen, egal

VIDEO

Dummy-Arbeit

VIDEO

Apportiertraining

wie alt oder wie groß er ist und welcher Rasse er angehört. Für jeden Hund und dessen Niveau gibt es Dummys in verschiedenen Größen. Der Hund muss den Dummy ein gerne und gut im Fang tragen können. Das »Apportl« sollte nicht zu schwer sein.

Dummytraining kann man überall und gut alleine machen, aber auch Helfer sind hier willkommen und unterstützen diese Teamarbeit. Die wenigsten Hundehalter gehen mit ihrem Hund zur Jagd. Dummytraining ist eine tolle Alternative, um den Hund körperlich und geistig sinnvoll zu beschäftigen. In der Dummyarbeit darf er sich bewegen. Es gibt einfache und schwierigere Gelände zu meistern, und das ist gut für sein Selbstwert- und Körpergefühl, da er über Stock und Stein und durchs Unterholz muss.

Bei dieser Arbeit ist eine ordentliche Portion Resilienz gefragt. Der Hund lernt, Strategien zu entwickeln und Ruhe zu zeigen. Da er nicht einfach lospreschen darf und auf deine Signale achten muss, steht die Impulskontrolle an oberster Stelle. Da er sich hier Fallstellen des Dummys merken muss, ist seine Konzentrationsleistung gefragt – und die ist enorm. Die Zusammenarbeit mit seinem Menschen kann gerade bei dieser Arbeit großartig sein. Der Hund wird gleichermaßen gefördert und gefordert.

Bei einer guten Gestaltung der Arbeit mit dem »Apportl« wird der Hund nicht überfordert. Ganz nebenbei werden Ruhe und Abruf des Hundes mit Freude trainiert. Hierzu gibt es gute Literatur und Hundetrainer, die sich alleine diesem Training widmen. Gut ist, wenn man das mindestens einmal vernünftig gezeigt bekommt. Auch hier gilt, dass man sich nicht dem Gruppenzwang hingeben muss. Bitte alles mit Freude und Geduld für beide Seiten; Medaillen und Pokale nutzen dem Hund wenig.

Ein erster Aufbau für Arbeit mit dem Dummy

Ein Dummy ist ein Säckchen, in dem Füllmaterial eingenäht ist, sodass die meisten Dummys auch schwimmen. Am Anfang sollte man eine leichte Größe wählen. Hunde, die sich nicht gerne darauf einlassen, kann man auch mittels Futterbeutel trainieren. In diesem ist anstelle des Füllmaterials das ausgesuchte Futter zur Belohnung drin. Hieran kommt der Hund nur mit Hilfe seines Menschen.

Der Hund muss jetzt erst einmal sehen und lernen, dass in dem Futterbeutel tolle Leckereien auf ihn warten. Der Futterbeutel oder der Dummy wird nicht aus der Hand gegeben. Aus dem Futterbeutel kann man dem Hund dann ein paar Brocken des Futters reichen. Den Beutel legt man nun zwischen sich und den Hund. Möchte er hin, füttert man ihn in Verbindung mit dem Beutel – aus dem Beutel oder auf dem Beutel. Der Hund muss in dem Fall die Beute mit seinem Menschen teilen lernen. Man arbeitet aktiv zusammen. Möchte der Hund den Dummy oder Futterbeutel entführen, so kann man anfangs das Säckchen mittels einer dünnen Suchleine oder einer Paketschnur absichern. Bald schon bringt der Hund das Apportl zum Jagdpartner und erfährt, dass sich die Zusammenarbeit lohnt. Es gibt eine schmackhafte Belohnung. Funktioniert die Zusammenarbeit schon ganz gut, kann man weitere Distanzen einbauen oder den Dummy auch mal verstecken und der Hund darf ihn aufstöbern.

VIDEO

Verlorensuche auf Distanz

VIDEO

Verlorensuche

Die Verlorensuche: selbstverschaffte Erfolgserlebnisse

Die kalte Jahreszeit beginnt und das Näschen läuft – wie gut, dass in der Regel jeder Mensch lose und saubere Taschentücher in der Jackentasche mit sich führt, die kann man lautlos fallen lassen, ohne dass der schlaue Vierbeiner davon etwas mitbekommt. Und noch besser: Sie duften herrlich nach uns. Wir gehen einfach ein paar Schritte weiter, drehen uns um und schicken den Hund auf die »Verlorensuche«. Der Hund wird schauen, dass er nach einem ihm bekannten Duft Ausschau hält und diesen entweder anzeigen oder mitbringen.

Zunächst einmal ist es hier ratsam, eine Verlorensuche kleinschrittiger aufzubauen. Erst einmal reichen 5 bis 10 Schritte. Der Hund wird abgesetzt und in Laufrichtung zum Taschentuch auf die Suche geschickt. Kommt er am Objekt der Begierde an, loben wir ihn schnell und fordern entweder ein »Sitz« für die »Anzeige« oder er darf das Taschentuch mitbringen und wird direkt bei uns gelobt. Macht der Hund das schon gut, kann man auch hier wieder die Anforderungen und die Streckenlänge steigern. Der Tausch sollte sich lohnen und weder Dummy noch Taschentuch sollten dem Hund einfach aus dem Maul gerissen werden; Tauschen macht das Ganze netter und freiwilliger.

Drop-Übung: Spuck aus, was du im Maul hast

Einem Hund einfach etwas aus dem Maul zu reißen, ist nicht nett. Wenn er etwas im Maul hat, ist es seine Beute. Eine Beute zu teilen, braucht viel Vertrauen für Mensch und Hund.

Mit diesem effektiven Rückwärtstraining vom Hundeberater Chirag Patel aus England bist du auf der sicheren Seite. Rückwärtstraining deshalb, weil wir bei der letzten Handlung beginnen. Der Hund lernt, seinen Kopf zu senken, um Futter vom Boden aufzunehmen, dabei muss er das, was er gerade im Fang hat, automatisch ausspucken. Idealerweise hast du daumengroße Leckerliwürfel geschnitten, die sich optisch vom Boden abheben. Würstchen oder Käse beispielsweise.

Der Hund befindet sich in deiner Nähe. Auf den Boden vor euch wirfst du gut sichtbar immer wieder Futterstücke und gibst hierzu das Signal »Drop«. Du bewegst dich mit dem Hund weiter im Raum, wirfst wieder ein Leckerli und sagst »Drop«. Sieht der Hund das Futter nicht gleich, zeig es ihm gerne und wiederhole dein Signal. Der Vierbeiner lernt zunächst, was das Drop-Signal bedeutet.

Zur Generalisierung veränderst du auch die Umgebung und die Situation. Mal sitzt du, mal stehst oder läufst du. Beim Staubsaugen oder am PC sitzend. Übe verschiedene Settings. Übe das ein paar Tage, ohne dem Hund etwas wegnehmen zu wollen. Verändere auch deine Stimmlage von laut zu leise, von spannend zu beruhigend.

2 bis 3 Tage später kannst du den nächsten Schritt gehen. Du gibst deinem Hund große Kauutensilien (die er nicht gleich runterschlucken kann) oder Spielzeuge (Kong, Zergel o. ä.). Er darf sich damit eine Weile beschäftigen. In seiner Nähe und ohne große Beachtung der »Beute« des Hundes wirfst du ein paar gute und sichtbare Futterstücke auf den Boden und sagst dabei dein »Drop«. Der Hund wird das Spielzeug nun auslassen, damit er die Futterstücke aufsammeln kann. Bitte nicht sparen. Die Leckerlis dürfen hochwertig und gerne auch anfangs ein paar mehr sein. Es muss sich für den Hund lohnen, seine Beute auszulassen.

Du kannst mit deinem Hund gemeinsam mit einem Zerrspielzeug spielen und ihm dabei das Drop-Signal zurufen, zeitgleich wirfst du ein paar Futterstücke auf den Boden. Er lässt das Zergel los und darf sich die Futterstücke ohne weiteres Signal nehmen.

VIDEO
Drop 1

VIDEO
Drop zuhause aufbauen

VIDEO
Drop generalisieren

VIDEO
Drop ausführen

Er lernt, dass er etwas Besseres und mehr bekommt, wenn er das ausspuckt, was er gerade im Maul hat. Für mich gibt es 2 Signale: Das »Dankeschön« für Dinge, die ich in die Hand apportiert haben möchte, wie den Dummy beispielsweise, ist das eine. Das andere ist das »Drop« für Sachen, die der Hund nicht ins Maul nehmen darf (Stock, Maus, Unrat etc.).

Dieses Training muss wie alle neuen Trainings nun auch in belebterer und neuer Umgebung erarbeitet werden. Die Leckerlimenge und -hochwertigkeit kann mit der Zeit abgebaut und variiert werden.

Hunde in der Stadt – mutiger werden

Heute leben Hunde oft in der Stadt oder am Stadtrand. Und manchmal ist es auf Reisen nicht anders möglich, als den Hund mit in die Stadt zu nehmen. Egal wie, es gibt immer noch Menschen, die denken, Hunde gehören nicht in die Stadt. Da wir aber ein Team bilden, sind Hunde eben auch zu Begleitern in der Stadt geworden. Um sich dem Hund gegenüber verantwortungsvoll zu verhalten, gehört es dazu, dies ausreichend und vorsichtig zu üben.

Um deinem Hund die neuen Sinneseindrücke und Gerüche näher zu bringen, lohnt es sich, kurze Stadtspaziergänge in ruhigeren Stadtteilen mit beispielsweise Stadtgärten oder Wiesen zu kombinieren. Hat man dem Hund eine Ruhe- und Entspannungsdecke aufgebaut (siehe Seite 77), ist es sinnvoll, diese Decke mit in ein Café oder die Stadt zu nehmen. Von dort aus lassen sich die vielen neuen Sinneseindrücke sicher entspannter wahrnehmen. Aufgeregte Hunde neigen dazu, in der Stadt an der Leine zu ziehen. Das liegt einzig und allein an den vielen neuen Dingen, die hier auf sie einwirken, und es lohnt sich, immer wieder ausreichend Pausen einzulegen. Es ist wichtig, die sichere Führung zu übernehmen, damit der Hund sich gelassener auf die neuen Situationen einstellen kann. Wohnt der Hund nicht im Lebensraum Stadt, reicht es zunächst vollkommen aus, ihm einmal in der Woche ein Stadttraining zukommen zu lassen. Nach einem Stadtspaziergang darf der Hund eine ausgelassene Toberunde auf einer schönen Wiese machen und sich möglichst anschließend einem ausgiebigen Nickerchen widmen. Das hilft, den Stress und die Eindrücke besser zu verarbeiten.

Um die Wette rennen: Motivation

Hunde lieben Renn- und Jagdspiele. Wenn sie dann auch noch mit dem Lieblingsmenschen unterwegs sind, kann es kaum etwas Schöneres geben. Schon wenn man Hunde unter sich beobachtet, wie sie rennen, sich gegenseitig jagen und Haken schlagen, wird einem schnell klar, wie sie dabei entspannen können. Selbstverständlich ist das Spiel mit dem Hundemenschen genauso schön. Los geht's: einfach losrennen, Haken schlagen, im Zick-Zack laufen, unberechenbar umherrennen und ab und an den Weg kreuzen. Der Hund wird es lieben und es stärkt die gemeinsame Bindung enorm.

Nachmacher

Das Nachahmungslernen ist bei Hunden besonders erfolgreich. Claudia Fugazza ist Ethologin (Verhaltensforscherin) im Team von Professor Dr. Ádám Miklósi an der Eötvös Loránd Universität in Budapest. Hier hat sie mit ihrem Team die Methode »Do as I do« entwickelt. Sie stellte bei ihrer eigenen Hündin Siria fest, dass diese allein durch Beobachtung gelernt hatte, den Wasserhahn aufzudrehen. Die Neugier, dieses Verhalten weiter zu erforschen, war bei der Ethologin sogleich geweckt.

»Hunde erwerben auf natürliche Weise Erfahrungen durch soziales Lernen, indem sie das Verhalten anderer Hunde und Menschen beobachten und nachahmen. Diese Fähigkeit ermöglicht es Hunden, die Regeln der „Do as I Do"-Methode zu erlernen, bei der sie darauf trainiert werden, die Handlungen ihrer Besitzer auf ein spezifisches verbales Signal hin nachzuahmen. Dieses Training kann in eine unterhaltsame und flexible Aktivität verwandelt werden, die jederzeit und überall durchgeführt werden kann.«

(Ádám Míklosi)

VIDEO

Nachmach-Übung

Mit der Forschung konnte nachgewiesen werden, dass Hunde sogar 24 Stunden später noch in der Lage sind, das Vorgezeigte zu imitieren! Dazu gibt es inzwischen eigene Trainingsaufbauten – so weit wollen wir hier jetzt nicht gehen, wir nutzen jedoch diese interessante Tatsache als lustiges Spiel auf dem Spaziergang. Das könnte so aussehen, dass wir gemeinsam von einem Stein springen, ein Hindernis überwinden oder etwas gemeinsam erschnüffeln.

Mit Fotoshootings – Impulskontrolle

Es gibt doch nichts Schöneres als Fotos von unseren geliebten Hundefreunden. Gerne rate ich dazu, das Handy auch mal zuhause zu lassen, wenn man mit dem Hund unterwegs ist, da es uns oft die Konzentration von einer gemeinsamen Zeit nimmt. Ich bin allerdings eine echte Fototante und fotografiere gerne und ausgiebig, und so mache ich beinahe auf jedem Spaziergang ein Fotoshooting mit meinen Hunden. Sie lieben es und wissen schon Bescheid, wenn ich die Kamera oder das Handy zücke. Meine Hunde rasen sogleich auf den nächsten Baumstamm oder Stein zu und positionieren sich. Natürlich wissen sie, dass es sich für sie lohnt, und nebenbei trainieren wir so, zu sitzen und entspannt zu bleiben. Sehr lohnenswert ist diese Übung schon alleine deshalb, weil wir so die Übung Sitz und geduldig sitzen bleiben an verschiedenen Orten und Positionen erarbeiten. So ist der Hund später in der Lage diese auch überall spielerisch abzurufen. Ganz ohne Druck. Zudem ist es wieder etwas, was wir gerne gemeinsam tun und unsere Bindung enorm fördert, weil wir Spaß daran haben.

Einmal habe ich vor Weihnachten bei einem namhaften Möbelgeschäft etwas eingekauft. Dabei hat der Aufbau einer Weihnachtslandschaft mit Schlitten und Geschenken meine Aufmerksamkeit geweckt. Meine Hunde haben mich beim Einkauf begleitet. Als ich Richtung des Schlittens gegangen bin, zack, sind sie raufgehüpft und haben sich sofort fotofertig positioniert. Sogleich haben sich sämtliche Kunden um dieses Fotosetting geschart und vergaßen ihre Einkäufe. Die Hunde haben sich von den Blicke nicht beeindrucken lassen. Nicht nur die »Ohs« und »Ahs« waren auf

unserer Seite, man hatte angenommen, die Hunde gehörten zur Weihnachtslandschaft. Meine 3 »Weihnachtsmänner« haben sich über ihre großartige Belohnung gefreut und ein schönes Bild ist so auch entstanden.

Schmuddelwetter: Ach, niemand unterwegs?

Hundefreunde lassen sich in der Regel von »Schmuddelwetter« nicht die Laune verderben. Durch einen Spaziergang im Sprühnebel oder bei leichtem Regen wird das Immunsystem trainiert und aktiviert. Zudem gibt es gute Regenkleidung. Hier sollte man auf eine hohe Wassersäule der Kleidung und eine atmungsaktive Zwiebeltechnik achten. Inzwischen haben sich viele Kleidungshersteller auf »Hundemenschen« eingestellt und für die Outdoorfans die richtigen Materialien entwickelt.

Gerade bei feuchtem Wetter fühlen sich manche Hunderassen wohl, weil es nicht zu warm ist. Der gute Nebeneffekt: Es ist die Zeit, um das Miteinander zu trainieren. Im Wald, am Feld oder auf den Hundewiesen ist weniger los und die Zeit gehört ganz dem Hund-Mensch-Team. Regnet es allerdings »Katzen«, kann man wundervolle Denk- und Nasenspiele zuhause erarbeiten.

Und zuhause ist es doch am schönsten

»Eine Aufgabe des Lebens ist es, sich zu kennen, zu lieben und zu vertrauen.«
(Nadia Winter)

Eine leichte Erkältung, Warten auf den Handwerker, schlechtes Wetter oder einfach, weil die Stimmung passt: Du möchtest mit deinem Hund zuhause bleiben. Auch dort kann man richtig gute Laune bekommen und einiges für die »Fair«-Bindung tun.

Eine **schöne Massagestunde** tut unglaublich gut für die gemeinsame Bindung. Leg dazu am besten eine schöne, eintönige Musik auf – etwas Ruhiges mit Klavier oder Harfe. Wenn du magst, kannst du einen

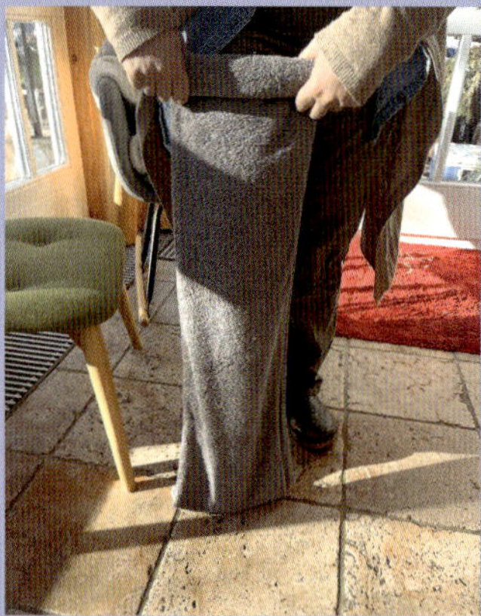

schönen Duft in die Öllampe geben. Hierzu haben sich Rose, Kamille, Lavendel oder Zirbe bewährt. Wichtig ist, dass das Duftöl Bioqualität hat und ätherisch, also nicht synthetisch ist. Nimm den Duft, den du selbst gerne magst, denn wenn du dich selbst entspannen kannst, wird sich der Hund schneller entspannen.

Gerne beginne ich mit einer »Heißen Rolle«. Die »Heiße Rolle« dient der Behandlung von Muskelschmerzen und Verspannungen. Durch die feuchte Wärme wirkt sie effektiver als zum Beispiel ein trockenes Körnerkissen. Bei einer Erkältung kann sie Atemprobleme lindern. Sie wirkt muskelentspannend, krampflösend, durchblutungsfördernd und erwärmend.

Wir brauchen: 1 Frotteehandtuch, 300 bis 500 ml heißes Wasser. Zuerst das Handtuch der Länge nach einmal zusammenfalten. Nun das Frotteetuch zu einem Hörnchen zusammenrollen, sodass ein Trichter entsteht. Jetzt das heiße Wasser in den Trichter gießen. Wenn die Rolle eng gerollt ist, tropft auch kein Wasser heraus. Die Rolle jetzt links und rechts von der Wirbelsäule zum Ausstreichen des Fells verwenden. Bitte nicht auf der Wirbelsäule arbeiten und nicht zu lange an einer Stelle verharren. Ist das Tuch nicht mehr warm, rollen wir es langsam zu einer kleinen Gegenrolle. So können wir weiter Wärme anbringen. Haben wir die Rolle aufgebraucht, können wir mit einem trockenen Handtuch kurz das Fell in Wuchsrichtung trocknen und mit unserer eigentlichen Massageeinheit beginnen.

Wichtig ist, darauf zu achten, was der Hund mag und ob er die Wärme verträgt. Es kann am Anfang befremdlich auf ihn wirken, da er diese Handlung von dir nicht gewöhnt ist. Hier gilt: lieber wenige qualitätsvolle Berührungen. Hunden, die gerne mal in die Eisen steigen und in Halsband- und Geschirr springen, sich wälzen oder sich grundsätzlich entspannen sollten, tut diese Art der Entspannungs- und Massagetechnik gut.

»Lege dein Herz in deine Hände und deine Hände auf dein Tier.«

(Linda Tellington Jones)

Eine wundervolle Berührungstechnik ist zum Beispiel **»Die Spinne zieht den Pflug«** aus der »Tellington-TTouch®-Methode«. Du nimmst dazu beispielsweise eine ordentliche Hautfalte, ab Schulterhöhe des Hundes, in beide Hände und ziehst nach und nach die Finger und Hände bis an die Flanke weiter. Es sieht aus, als ob eine Spinne den Pflug zieht. Das geht auch andersherum und tut gut, wenn es darum geht, die Muskulatur zu lockern. Wichtig zum Schluss: unbedingt das gesamte Fell wieder in die richtige Richtung ausstreichen. Sanfte und kreisende Bewegungen von der Schulter bis runter zur Flanke sind ebenso schön. Beide Hände sollten immer am Körper des Hundes sein, ohne sich abzustützen. Am Ende eurer Massagesitzung sollen ein gutes Gefühl und die Sehnsucht auf die nächste Stunde mit dir bleiben.

Gemeinsame Lesestunde: gemeinsam erfahren

Hast du schon einmal daran gedacht, deinem Hund ein Buch vorzulesen? Nein? Probiere es gleich mal aus! Es verschafft dir Entspannung und dein Hund liebt es, deiner ruhigen und entspannten Stimme zuzuhören.

Kurz vor Weihnachten lade ich Kinder aus dem Dorf zu einer Leserunde mit meinen Hunden ein. Sie entdecken die Machenschaften des Wichtels, der einmal im Jahr sein Unwesen im Haus treibt. Dabei hinterlässt er kleine Wichtelgeschichten. Die Kinder lesen meinen 3 Labradoren Marley, Max und Maggie die Wünsche und Geschichten des kleinen Wichtelmanns vor. Zu dieser Zeit legt sich eine zauberhafte Ruhedecke über die Kinder und Hunde. Alle hören gespannt zu und kuscheln eng beieinander.

Ursula, eine Freundin von mir, macht das beispielsweise mit ihrem Dackel Toni. Sie liest gerne, und Toni fordert seine ruhige Nickerchenzeit ein – so gönnen sie sich gemeinsam eine Lesestunde. Ursula sagt: »Ich merke dann, wie Tonis Ruhe sich auf mich überträgt.«

Auch Hörbücher hören wir gerne gemeinsam an. Wir legen uns auf die Couch, kuscheln und entspannen dabei. Probiere es doch gleich mal aus.

Parcours und Höhlen bauen: gemeinsam entdecken

VIDEO

Parcours indoor

Bei schlechtem Wetter kann man zuhause aus ein paar Kartons, Stühlen und anderen Dingen aus dem Haushalt einen witzigen Parcours errichten. Hier kann der Hund einmal um etwas herumlaufen, drunten durchkrabbeln oder etwas überspringen. Decken und Kissen lassen sich wunderbar zu einem Turm oder Berg aufbauen; es macht herrlich Spaß, gemeinsam reinzuspringen. Einen Tunnel bauen kann man mit durchgängigen Kartons oder mit 2 bis 3 Stühlen, die hintereinander aufgestellt werden. Es gibt in der Wohnung wirklich viel zu entdecken.

Immer der Nase entlang: kleine Erfolge

Die Nase können wir zuhause über eine Käsespur trainieren. Hunde, die sich draußen schnell ablenken lassen, werden zunächst am besten in der reizarmen Umgebung der Wohnung auf die richtige Fährte gebracht. So lernen Hunde, die Nase vernünftig einzusetzen und auf der Spur zu bleiben, sogar, wenn es mal um die Kurve geht. Du brauchst dafür ein paar Käsestückchen. Im Abstand von 30 bis 50 Zentimetern legst du immer wieder ein kleines Stückchen Käse aus. Am Anfang machen wir die Käsespur nicht zu lang, damit der Hund dabeibleibt. Am Ende der Käsespur warten 2 bis 3 Stückchen Käse auf die Spürnase. Diese Übung lässt sich dann sehr gut nach draußen übertragen.

VIDEO

Suche per Nase

Bei der Stange bleiben

Da viele Hunde anfangs mit den Augen suchen, kann man mit einer Besenstange oder einem Seil eine Hilfsmöglichkeit bereitstellen. Stange oder Seil legt man auf den Boden und entlang werden Leckerlis im Abstand von 15 Zentimetern gelegt, damit der Hund »bei der Stange bleibt« und lernt, die Nase auf dem Schnüffelweg zu lassen. Klappt das schon gut, kannst du die Sucharbeit etwas schwieriger gestalten. Bitte achte darauf, dass der Schwierigkeitsgrad sich deinem Hund anpasst und nicht deinem Ehrgeiz. Es soll beiden Spaß machen und Erfolg bringen. Wenn der Hund zu sehr unter Druck gerät, ist es für euch beide nur frustrierend.

So, jetzt drückst du den Käse nur noch alle 30 bis 50 Zentimeter am Boden an und am Ende deiner Duft Spur warten dann 2 bis 3 Käsestückchen auf einmal. Erweitern kann man diese Spuren, indem man nach und nach Kurven, Hindernisse und Ecken einbaut. Sei fair und arbeite zunächst kleinschrittig. Kleine selbstverschaffte Erfolgserlebnisse führen zu einem selbstbewussteren Such-Hund. Findet der Hund ein Käsestück nicht gleich, zeig bitte nicht mit dem Finger drauf. Ermuntere ihn vielmehr, sich nochmals anzustrengen und weiterzusuchen. »Such, such!« Wird dem Hund das Suchobjekt immer wieder gezeigt, wird er sich irgendwann auf seinen Menschen verlassen und sich nicht mehr bemühen wollen.

Es ist wichtig, mit Spaß und Freude zu trainieren, denn während freudigen Lernens werden Transmittersysteme im Gehirn des Hundes angeknipst. Diese helfen, die Informationen schneller ins das Langzeitgedächtnis zu übertragen. Bei Stress wird dieser Weg erschwert und der Gedächtnisaufbau verhindert.

Weitere wundervolle Möglichkeiten, die Bindung im trauten Heim zu vertiefen, sind Kontaktliegen (entweder auf einer Decke auf dem Boden oder im Bett, wenn du es magst), Fellpflege mit einer sanften Bürste oder mit einem Massagehandschuh, kleine Versteck- und Raufspiele oder einfach nur gemeinsam auf der Couch entspannen.

Tipp:

Gemeinsam ausspannen, kuscheln und schlafen ist wichtig für Hunde. Viele unserer Vierbeiner kommen nicht mehr auf die so dringend benötigten Entspannungsphasen. Wir erleben heutzutage eher eine Überforderung als eine Unterforderung bei Hunden. Ein erwachsener Hund sollte auf 16 bis 18 Stunden Schlaf kommen, ein Welpe und Junghund sogar auf 19 bis 21 Stunden. Schafft dein Liebling das?

Kapitel

7

WIE GEHE ICH MIT RÜCK-SCHLÄGEN UM?

»Manchmal verschwindet alles Komplizierte, wenn ein neuer Morgen erwacht.«

(Yogitee)

Der Aufbau einer Bindung zu einem Hund kann ein bereichernder, aber auch herausfordernder Prozess sein. Rückschläge sind normal und können aus verschiedenen Gründen auftreten, zum Beispiel durch Stress, Veränderungen im Umfeld oder gesundheitliche Probleme des Hundes. Spätestens bei den Themen Abruf, Leinenaggression oder Bellverhalten wird einem schnell bewusst, wie fragil die Verbindung zum Hund ist. Hunde haben ein gutes Gespür für menschliche Intentionen und ein hervorragendes Nachahmungslernen, daher ist es so wichtig, dass der Mensch seine Vorbildfunktion ernst nimmt. Man kann davon ausgehen, dass die meisten leinenaggressiven Hunde ihre Halter nachahmen. Der Mensch ist der Erste, der den Blick zu einem Hund auf Entfernung ausrichtet. Der Hund folgt dem Blick und reagiert schnell impulsiv, da der Mensch an der emotionalen Leine wenig entspannt wirkt.

Hier sind einige Tipps, wie man mit Rückschlägen umgehen kann:

1. **Geduld und Toleranz zeigen:** Bindung braucht Zeit. Es ist wichtig, geduldig zu sein und den Hund nicht unter Druck zu setzen. Jeder Hund hat sein eigenes Tempo. Toleranz bedeutet zwar nicht immer, gleicher Meinung zu sein, aber dem Bindungspartner sein **So-Sein** zu ermöglichen, indem man Vorlieben toleriert.

2. **Positive Verstärkung:** Belohne positives Verhalten mit Leckerlis, Lob oder Spiel. Dies fördert ein **positives Gefühl** und stärkt die Bindung.

3. **Routinen etablieren:** Hunde fühlen sich oft sicherer, wenn sie wissen, was sie erwartet. Regelmäßige Futterzeiten, Spaziergänge mit Freiheiten und Spielzeiten können helfen, Vertrauen aufzubauen.

4. **Körpersprache beachten:** Achte auf die Körpersprache deines Hundes. Wenn er ängstlich oder unsicher wirkt, gib ihm den Raum, den er braucht. Achte auf deine eigene **Körpersprache und Authentizität** und vermeide plötzliche Bewegungen oder laute Geräusche.

5. **Stressfaktoren identifizieren:** Überlege, ob es Auslöser gibt, die den Rückschlag verursachen. Gibt es Veränderungen im Umfeld, neue Menschen oder Tiere, die Stress verursachen? Sei ein **empathischer Hundemensch** und versuche, die Faktoren zu erkennen.

6. **Training anpassen:** Wenn du feststellst, dass Trainingsmethoden nicht funktionieren, sei bereit, deine Ansätze auch zu verändern. Manchmal kann ein anderer Ansatz oder eine andere Technik hilfreicher sein.

7. **Konsequenz:** Sei konsequent in deinem Verhalten. Hunde profitieren von fairen, klaren Regeln und Grenzen. Eine Bindung wird regelmäßig auf **Verbindlichkeit** geprüft.

8. **Professionelle Hilfe:** Wenn du das Gefühl hast, dass du alleine nicht weiterkommst, scheue dich nicht, einen Hundetrainer oder Verhaltensspezialisten zu Rate zu ziehen. Diese können **wertvolle Tipps** und Strategien anbieten.

9. **Selbstfürsorge:** Achte auf dein **eigenes Wohlbefinden**. Der Aufbau einer Bindung kann emotional belastend sein. Sorge dafür, dass du selbst entspannt und geduldig bleibst. Nimm deine eigenen Bedürfnisse wahr. Gönn dir eine schöne Massage oder eine Saunaauszeit.

10. **Feiere kleine Erfolge:** Jeder Fortschritt, egal wie klein, ist ein Schritt in die richtige Richtung. Lege den Fokus auf die Stärken deines Vierbeiners, nimm die positiven Dinge wahr, die er schon kann. **Feiere diese Erfolge, um die Motivation aufrechtzuerhalten.**

Die Sichtweise auf die Dinge ändern

In einer Begegnungssituation oder wenn dein Hund einfach so bellt, solltest du versuchen, tief durchzuatmen, und üben, ruhig und bei dir zu bleiben. Du kannst dich einmal kurz über eine Situation aufregen, aber es sollte nicht die Beziehung zum Hund bestimmen. Wenn dein Hund am Tag in einer Situation Schwierigkeiten hat, dann sind das 3 Minuten Schwierigkeiten, die weiteren 23 Stunden und 57 Minuten ist er ein wundervoller Hund. In einer einzigen Situation braucht er Hilfe von seinem Menschen, versuchen wir, fair zu bleiben und helfen wir ihm! **Nichts prägt den Charakter eines Teams mehr als der Charakter seiner Führung.**

Blicke sind das Tor zur Seele

Wusstest du, dass bereits der Blick vom Hund zu dir das sogenannte Partnerschafts- und Kuschelhormon Oxytocin auslöst? Daher versuch doch, die positiven Blicke einzufangen. Der Hund schaut freiwillig zu dir und du gibst ihm hierzu eine positive Rückmeldung. Im Alltag bedeutet das, der Hund bleibt vielmehr gedanklich bei dir und holt sich Rückmeldung.

Wenn dein Hund sich auf dem Spaziergang nach dir umschaut, kannst du den Blick deines Hundes einfangen, indem du das mit deinem Markersignal »Top« oder mit dem Clicker bestätigst. Hierauf wird dein Hund zu dir zurückrennen und er bekommt seine Belohnung. Zudem mache ich gerne Leckerli-Wurfspiele. Der Hund schaut mich an und ich werfe ihm ein Leckerli zu. Ich setz ihn vor mich ab und ich spucke ein Leckerchen, dass ich natürlich gerne im Mund habe, entgegen. Ich liebe es, meine Hunde anzuschauen. Wenn sie bei mir sind oder neben mir laufen, mich dabei mit ihren lustigen Augen anschauen, zaubert das in der Regel ein Lächeln auf meine Lippen und diese positive Stimmung überträgt sich.

VIDEO

Spaß beim Fotoshooting

Diesen Abschnitt bitte nicht lesen!

Denk jetzt nicht an den blauen Hund! ... Und an was denkst du jetzt? An einen blauen Hund vielleicht? Unser Gehirn kennt keine Verneinung. Sowohl unser Gehirn als auch das unserer Hunde ist auf das »Ja« programmiert. Negationen können vom Gehirn nur über komplizierte Umwege verarbeitet werden. Negationen sind Verneinungen, dabei geht es beispielsweise um die Wörter »Nein«, »kein« und »nicht«. Die Bilder, die in unserem Kopf aufploppen, sind grundsätzlich positiv. Deshalb haben wir das Bild von einem blauen Hund vor Augen. Im Prinzip kann ein negatives Bild im Kopf nicht entstehen.

Verneinungen bringen den Hund durcheinander

Das Gehirn braucht beim Verarbeiten von Informationen länger, wenn im Satz eine Verneinung vorkommt. Dies stellte die Tufts University aus dem US-Bundesstaat Massachusetts fest. Die Wissenschaftler haben untersucht, wie verneinte Aussagen im Gehirn verarbeitet werden.

Wie wir ja wissen, besteht das Gehirn aus 2 Hälften. Bei Rechtshändern ist die linke Gehirnhälfte für die Logik verantwortlich. Diese Hälfte verarbeitet alle sachlichen Informationen. Mit der rechten Gehirnhälfte verarbeitet man Emotionen, Bilder und Erlebnisse. Wenn man die Aufforderung »Denk nicht an den blauen Hund!« hört, kommt in der linken Gehirnhälfte die Botschaft logisch richtig an, doch mit der rechten Gehirnhälfte sehen und erleben wir im selben Moment den blauen Hund. Die rechte Gehirnhälfte versteht keine Verneinung. Das sind folglich doppelte Botschaften. Mit diesen Informationen verwirren wir das Gehirn.

Daher nimm dir bei einem Hundekontakt einfach vor, dass die Begegnung gleich prima abläuft. Stell dir den perfekten Werdegang und Ausgang dieser Begegnung vor und lass das »Nein« und »Aus« einfach weg. Es bringt den Hund nur in eine missliche Lage. Sag ihm deutlich, was du sehen möchtest und wie toll du es findest, dass er die Situation gemeistert hat. Wenn wir unserem Hund ein »Nein, lass das!« zurufen, ist es nur richtig, ihm sofort mitzuteilen, was wir von ihm erwarten. Er wird sonst von uns in einem luftleeren Raum ohne Lösung hängen gelassen. Ein »Nein« allein ist noch lange keine Lösung!

Von entspannten Sängern und freudigen Hunden

Macht dir der Gedanke, gleich eine Hundebegegnung zu haben, immer noch zu schaffen? Dann empfehle ich dir, einfach mal ein Lied zu summen oder vor dich hinzuträllern.

VIDEO

Summen

Denn das ist genauso spannend wie die oben genannte Sache mit der Negation: Das Gehirn kann nicht gleichzeitig Angst haben und sich aufs Singen konzentrieren. Wenn wir wissen, dass wir der Spiegel unserer Vierbeiner sind, dann ist es doch nur logisch, summend und freundlich unsere Wege zu gehen.

Tipp:

Einen Versuch wert: Versuch doch auch einmal bei der Atmung zu bleiben. Hunde sehen an unserer Körperhaltung, wenn wir angespannt sind: das liegt häufig an unserer Atmung. Diese Übung hilft dir, eine gelassenere Haltung einzunehmen: 3-mal tief ein- und ausatmen! Ruhig bleiben und einen großen Bogen um die schwierige Situation machen. Einen Bogen zu laufen ist typisch für die Hundesprache, dadurch hilfst du deinem Hund, Situationen zu deeskalieren. Angst- oder Panikattacken können mit Hilfe der richtigen Atemstrategie schnell abgeschwächt oder vermieden werden.

Eine effektive Atemübung für zuhause

Wichtig ist, dass diese Übung am Anfang häufig in ruhigen Phasen geübt wird, damit sie dann zum Beispiel in einer Begegnungssituation hilfreich eingesetzt werden kann.

1. Atme ruhig durch die Nase ein.
2. Presse die Lippen leicht zusammen, sodass beim Ausatmen ein leichter Widerstand entsteht. Atme jetzt durch die leicht geschlossenen Lippen aus und zähl bis 3.
3. Atme wieder ruhig durch die Nase ein.
4. Atme durch die leicht geschlossenen Lippen aus und zähle jetzt bis 4.
5. Atme wieder ein und zähle dann bei der Ausatmung bis 5.
6. Wiederhole diese Übung, indem du die Ausatmung Schritt für Schritt verlängerst (zuerst bis 6, dann bis 7, dann bis 8, dann ausatmen).
7. Beginne dann wieder bei Schritt 1, bis du eine deutliche Entspannung spürst.

Warum wir bei uns bleiben sollten und die Atmung so wichtig ist, beantworte ich häufig in meinem Minddog®-Training. Nirgendwo sehe ich das so gut wie in dort. Wenn ein Hund in dieser Kreisarbeit bellt, stellen sofort alle anderen Teilnehmer die Atmung kurzfristig ein. Da ich in der Kreismitte stehe, sehe ich, wie sich die Körperhaltung schlagartig verändert, und die Hunde reagieren unmittelbar darauf. Deshalb sage ich sofort: »Weiteratmen!« Die Hundemenschen sind dann erstaunt, dass ich bemerkt habe, dass sie nicht geatmet haben.

Verantwortung zeigen

Als Hundehalter müssen wir unbedingt bereit sein, die volle Verantwortung für unseren Hund zu übernehmen. Das heißt nicht nur, ihn ausreichend zu ernähren und regelmäßig mit ihm zum Tierarzt zu gehen, das sollten ja Selbstverständlichkeiten sein. Eine Verantwortung zu übernehmen, heißt, **vorausschauend zu agieren**, auch an uns und unserer Führungsqualität zu arbeiten und dafür zu sorgen, dass ein Hund innerhalb seiner Familie seine natürliche Rolle einnehmen kann. Denn nur dann fühlt er sich sicher und kann ruhig und entspannt seinen Tag genießen. Genau daran scheitert es aber häufig. Viele Menschen bemühen sich nicht, ihrem Hund genug **Sicherheit** zu vermitteln. Sie achten nicht darauf, dass der Hund genug **Ruhe** findet, und geben ihm nicht die für **ihn geeigneten Aufgaben**, weshalb der Hund sich dann eigene Jobs sucht. Und genau diese Unsicherheiten sind der Ursprung zahlreicher Probleme, zum Beispiel auf dem täglichen Gassigang, ja, da sogar besonders, bellen und schnappen, hier wird es klar.

Viele sehen sich nicht in der verantwortlichen Rolle und kommen dieser nur mangelhaft nach. Weil sich diese Art von Verantwortung nach Diktatur anhört, nach Unterdrückung und Strafen, und eben nicht nach Liebe und Bindung. Obwohl es genau das Letztere ist, was jeder von uns so gerne möchte. Ein Chef zu sein, sollte nicht negativ besetzt sein, völlig im Gegenteil! Wer seinen Hund liebt, darf diesen wichtigen Arbeitsplatz und die Jobbeschreibung ernstnehmen. Dieser sensible Posten ist ein echtes Privileg. Betrachte dich als Gruppenführer oder gerne als **Hunde-Reiseleiter**, dieser sorgt für eine gute Stabilität in der Gruppe. Ein Reiseleiter schaut, dass er die unterschiedlichen Bedürfnisse und Interessen aller unter einen Hut bringen kann. Alle im Team sollen sich wohlfühlen können und ernstgenommen werden. Choleriker haben in diesem Job nichts verloren! Ein Lebewesen kleinzumachen und egoistisch zu sein, nur auf die eigenen Ziele bedacht zu sein, das alles zählt nicht zu den guten Führungseigenschaften. Genauso kontraproduktiv ist es, ein Angstmacher, Zappler oder anderer nervöser Typ zu sein, weil man meint, man macht sich zum Affen, wenn man mal eine falsche Entscheidung trifft. Wenn man sich so verhält, egal ob in der Hunde- oder in der Menschenwelt, verliert man schnell die Autorität und den Rückhalt im Team. Selbstverständlich sind Fehler normal und auch völlig legitim. Es ist nur wichtig, sich selbst zu reflektieren und mögliche Fehler auch schnell zu korrigieren.

Eine **gute Führungspersönlichkeit** zeichnet sich vor allem durch Ruhe und Ausgeglichenheit aus. Diese Person weiß, was sie will, und zeigt einen fürsorglichen, aber nicht übertrieben ängstlichen Führungsstil. Ein guter Chef schafft eine Arbeitsumgebung, in der man gerne und bald gemeinsame Ziele erreicht, weil es dem Mensch-Hund-Team gut geht. Der Hundemensch sollte an seiner Gelassenheit arbeiten, denn nur so kann sich der Hund auf Dauer entspannen. Hunde sind des Menschen Spiegel. Sei der Mensch, den der Hund so dringend braucht und verdient hat.

Hunde sehen, Hunde tun!

VIDEO

Im Wasser

Hier ein kurzes Beispiel von Manfred und Oskar. Manfred ist kürzlich an einen Herdenschutzhund-Mischling geraten. Er wollte etwas Gutes tun und hat sich den Hund ohne große Überlegung zugelegt, da das arme Tier aus dem Tierschutz kam. Manfred jedoch, physisch und psychisch nicht stabil, gerät leicht in Stress und Panik. Herdenschutzhunden liegt der Job des Beobachtens und Wachens im Blut. Wenn Manfred, mitten in der Stadt lebend, mit seinem neuen Hund auf seiner Gehsteigseite einen anderen Hundehalter trifft, schreit er diesen schon von Weitem an, was er für eine Frechheit besäße, auf »seiner« Seite der Straße zu laufen, er könne ja die andere Seite nutzen. Klingt das nach einem souveränen Hundemenschen? Sicher nicht! Das sieht auch Oskar so und schon hat er, zu seinem eigenen Schutz, das Zepter in die Pfote genommen.

Es gehört zum guten Ton, jedem den nötigen Abstand zu gewähren, den er braucht. Hunde sollten sich nicht frontal nähern müssen. Dies ist nicht nur in der Hundewelt so, in Asien oder anderen Teilen der Erde nähert man sich respektvoll mit gesenktem Blick und zieht einen kleinen körperlichen Bogen. Es ist eine Untat in der westlichen Welt, sich frontal und mit festem Blick zu nähern. Für unsere Hunde wirkt das aggressiv und unfreundlich. In der Mensch-Hund-Begegnung würde es freundlicher und besser ablaufen, wenn der Mensch sich nicht allzu massiv auf den Hund zubewegen würde. Einem Hund sollte man sich eher seitlich als frontal nähern. Wir alle kennen die Situation: Sich über einen Hund zu beugen, ist ein Fauxpas. Diese Position wirkt bedrohlich auf ihn, auch wenn sich Hund und Mensch gut kennen. Dass häufig nichts passiert, ist der Freundlichkeit unserer Hunde zu verdanken, nicht der des Menschen.

Für den einen oder anderen mag das komisch klingen, weil ihr Hund das Repertoire so nicht mehr zeigt, aber Hunde sind eher konfliktvermeidende Lebewesen. Sie zeigen eine Vielzahl an **beschwichtigenden Signalen**, wenn es zur Begegnung kommt. Dazu gehört das Bogenlaufen, auf dem Boden schnüffeln, Wegdrehen, Gähnen, über den eigenen Fang lecken oder gar Hunde und Menschen belecken. Dem Gegenüber wird so vermittelt, dass man ihm kein Haar krümmen möchte und freundlich gestimmt ist. Leider sind wir Menschen wahre Helden darin, diese Signale zu übersehen oder diese gar, in unserem Trainingswahn, abzutrainieren. Sei das nächste Mal genauso freundlich und zuvorkommend, wenn du diese Signale sehen darfst, und bemühe dich, deinen Hund besser zu verstehen. Kommunikation ist keine Einbahnstraße!

Es ist wichtig, an uns selbst zu arbeiten. Im Zweifel kannst du eine gute und positiv arbeitende Hundeschule aufsuchen. Ein Blick in die Vita der Hundetrainerin oder des Hundetrainers ist immer sinnvoll. Hier geht es um Lebewesen; und das Wissen um Lernverhalten und Gefühlswelt von Hunden ist von enormer Bedeutung.

Alle Systeme herunterfahren

Vielleicht haben dein Hund und du so einen richtig miesen Tag gehabt oder die Silvesterknallerei hat mal wieder viel früher als vorgesehen eingesetzt ... Das vorbeifahrende Fahrzeug hatte eine Fehlzündung? Es gibt so unendlich viele Situationen, die unsere Vierbeiner kurzzeitig aus der Bahn werfen können. Empfehlenswert ist hier, den Hund an etwas schlecken zu lassen. Schleckmatte, Kong oder Schleckschlange sind da nur einige

VIDEO

Beruhigungs-
lecken

Möglichkeiten, die zur Beruhigung enorm beitragen können. Das Ausschlecken oder Nuckeln an Futtertuben wirkt wie das Beruhigungssaugen bei Babys. Der Hund kann wieder entspannen und eine unangenehme Situation mit etwas Angenehmem verbinden.

Auf die Schleckmatte kann man beispielsweise den Inhalt eines Babygläschens geben, sie mit Hüttenkäse, Quark oder Joghurt bestreichen. Den Kong kann man mit Feuchtfutter, Joghurt, Hüttenkäse, Leberwurst und anderen Leckereien füllen. Im Sommer kann man diesen sogar einfrieren, dann hat der Hund länger etwas von seiner Portion »Ruhe«. Damit kein Frust entsteht, sollte die Größe des Schleckspielzeuges an die Größe deines Hundes angepasst werden. 10 Minuten ausschlecken kann schon so auslastend sein wie eine Stunde spazieren gehen. Selbstverständlich ersetzt das Ausschlecken keine gemeinsame Gassirunde.

Wenn Kontrolle zu einem Problem wird

»Vertrau deinem Kamel und binde es an.«

(Arabisches Sprichwort)

Freundschaft hat nichts mit Kontrolle zu tun. Die Toleranz des besten Freundes hat irgendwann mal ihr Ende erreicht. Hunde, die aufgrund schwerwiegender psychischer Erkrankungen ihres Menschen kaputtgehen und daraus entstehend eigene Verhaltensstörungen entwickeln, haben wir in unserer verhaltensberatenden Praxis schon häufig

erleben müssen. Der übermäßige Kontrollwahn mancher Menschen, gepaart mit einer desorganisierten oder unsicheren Bindungspersönlichkeit, wirkt sich irgendwann auf den Vierbeiner aus.

Leider bekommst du vielleicht immer wieder den Ratschlag, dass man auf die Bedürfnisse des Hundes nicht eingehen sollte, damit der Hund nicht dominant würde. Doch mit diesem veralteten und leider immer noch weitverbreiteten Tipp hat man wenig Chancen, eine qualitativ hochwertige Bindung mit ihm eingehen zu können, wenn man diesen Ratschlag annimmt. Es bleibt nur zu hoffen, dass diese althergebrachten Meinungen bald der Vergangenheit angehören – zum Wohle einer stabileren Mensch-Hund-Beziehung und auch für eine verbesserte Anpassung an unsere Umweltbedingungen.

Ja, Hunde helfen uns Menschen und sie können gute Therapeuten sein, trotzdem sollte man beachten, dass Hunde ein eigenes Ich haben und ihr Sosein verdient haben. Hunde, die aus dem Ausland kommen, bringen häufig ein eigenes emotionales Päckchen mit. Wenn sie dann gleich als Besuchshund im Altenheim eingesetzt werden, kann das böse gesundheitliche Folgen für den Hund haben. Wir sollten unsere Vorstellungen und unser Bild von dem, was ein Hund zu leisten hat, kontrollieren und nicht den geliebten Vierbeiner. Das Wort Kontrolle hat meiner Meinung nach in einer Mensch-Hund-Beziehung und in der Erziehung nichts zu suchen.

Im Hundetraining suchte mich ein älterer Herr mit seinem fast 50 Kilo schweren Labrador auf. Der Hundehalter erklärte mir groß und breit, dass sein Hund hochgradig aggressiv sei, und das sei ihm von 8 Hundetrainern vor mir schon bescheinigt worden. Tatsächlich brachte der Mann einen Ordner mit, in dem Gutachten anderer Kollegen und Trainingsberichte zu lesen waren. Ich allerdings habe keinen aggressiven und keinen »dummen« Hund vorgefunden. Er war nur völlig überfüttert, depressiv und traurig. Ich habe ihn in mein »Minddog®-Training« eingebunden, dem Training, das Hunden und ihren Menschen zu einer verbesserten Orientierung und körperlichen sowie geistigen Ausbalancierung verhilft. Der Hundehalter war anfangs überhaupt nicht in der Lage, mit seinem Vierbeiner zu laufen oder ihn gar zu halten, obwohl er permanent von Kontrolle sprach. Ich fand, der Hund sollte auf den Physiogeräten erst einmal etwas zu sich und zu einer besseren körperlichen Verfassung gelangen. Das funktionierte prima.

Als wir eine Wanderung in der Eifel ausgeschrieben hatten, hat sich dieser Hundehalter im Eifer des Gefechts gleich dazu angemeldet. Ich wies ihn darauf hin, dass es womöglich zu früh für den Hund war, und ich glaubte auch, dass sich seine eigene, also die körperliche Verfassung des Mannes, für diese Wanderung nicht eignete. Der Mann erklärte mich für übergriffig, er sei ja schon in den Dolomiten gewesen. Okay, also kam er mit. Auf dieser Tour hatte er kein einziges gutes Wort für den Hund übrig. Der Hund sollte ständig an der Leine bleiben, er konnte ihn aber keinesfalls halten, sodass abwechselnd Teilnehmer oder ich den Hund an der Leine hatten. An einem Bachbett hatte ich mich dann erdreistet, den Hund von der Leine zu nehmen. Ich hatte Tränen in den Augen, denn ich habe selten so einen vor Freude ausgelassenen Hund gesehen. Der Hund tollte und tobte mit den anderen im Wasser. Auf der anderen Seite stand ein tobender und schreiender Hundehalter, der den Hund beschimpfte und meinte, der Hund sei ja völlig außer Kontrolle und würde sich schmutzig und nass machen. Am nächsten Tag brach er die Wandertour ab. Von da an wurde der Hund medikamentös ruhiggestellt und er war wieder der traurige und depressive Hund, der er vorher war. Übrigens zeigte der Hund bei uns zu keiner Zeit Aggressionen.

Kapitel

8

AUF DEN PUNKT

Wenn zwei so gefühlvolle Lebewesen wie Mensch und Hund sich finden, kann daraus etwas ganz Besonderes erwachsen. Und dies kann nur auf einer emotionalen Art und Weise stattfinden. Wünsche und Bedürfnisse müssen wahrgenommen werden. Dies führt zu einem tiefen Vertrauen und Verständnis auf beiden Seiten. Ein Hund, der in seinem So-Sein unterstützt und dessen Treue akzeptiert wird, wird der loyalste Lebensabschnittsbegleiter werden, den man sich vorstellen kann. Es erwächst eine bedingungslose Liebe.

Für die Entwicklung des Hundes ist die Bindung zwischen Hund und Halter lebenswichtig. Auf dieser tiefen Ebene lernt der Hund am besten. Ein Training über Zwang oder Strafe im Sinne von körperlicher Gewalt, Schreien oder psychischer Unterdrückung wird das Zusammenleben nicht verbessern. Diese Art von Strafe verletzt seine Bindung und sein Vertrauen zutiefst.

Das Erlebnis dieser tiefen Verbindung ist es, was den besonderen Zugang zum Hundekind verschafft. Ein Lernen ohne Bindung ist vernünftig kaum möglich. Vielleicht leistet der Hund das ab, was er soll, dies aber nur, um einer möglichen Strafe zu entgehen. Die positive Verstärkung ist das Mittel der Wahl, wenn man auf Dauer erfolgreich seinem Hund etwas beibringen möchte.

Eine Bindung ist eine sehr subtile Sache. Man kann sie nur sehen, wenn man ein offenes Herz hat. Ein unsicher oder mangelhaft gebundener Hund wird seine Signale auch ableisten, die Zusammenarbeit mit ihm wird funktionieren, aber etwas wird immer fehlen: Liebe und Vertrauen.

Bindung braucht immer Nähe

Die unermesslichen Möglichkeiten einer perfekten Bindung erkennt man erst, wenn man sie erleben durfte. Es ist ein enormes Erlebnis für beide Seiten, auch, und vor allem für dich als Mensch, weil:

- du mehr wahrnimmst
- es viel mehr Austausch miteinander gibt
- du genau weißt, wie es deinem Hund geht (er weiß es natürlich auch)
- Körpersprache, Gestik und Mimik beidseitig gelesen werden können
- du und dein Hund ein Gespür für die Stimmung des jeweils anderen erfahrt

Es ist eine tiefe emotionale Verbindung!

Der Aufbau einer tiefen »Ver-Bindung« auf einen Blick:

- ausgiebige Spiele und Trainings mit deinem Hund
- die guten Dinge im Alltag sehen und loben
- Nähe zulassen und Kuschelzeiten anbieten
- ruhig und gelassen reagieren, wenn es auch mal stressig wird
- konsequente, aber faire Regeldurchsetzung als Verbindlichkeit
- Vertrauen und Respekt als Grundlage für Bindung

VIDEO

Harmonisch miteinander

Am besten lernen Hunde, die Freude im Hundetraining haben. Sie lernen sehr viel schneller und schaffen ein stabileres Vertrauensverhältnis zu ihrem Menschen. **Kaum etwas führt mehr zu dauerhaften Beziehungen als das Zeigen von Wertschätzung.**

EIN WORT ZUM SCHLUSS

Es wird immer Phasen geben, in denen wir nicht mehr weiter wissen. Der beste Rat, den den ich in dieser Situation geben kann: Lass dich nicht von der Informationsflut unserer Zeit beeirren und mach das, was sich für dich und deinen Hund richtig anfühlt! Die Bedürfnisse eines Hundes kann man nur wahrnehmen, wenn man seine eigenen gut kennt! Der häufigste Führungsstil, den man im Zusammenleben mit Hunden sieht, ist leider Einschüchterung und Bevormundung. Eine intensive und wundervolle Bindung ist eher in einer dialogischen Führung zu erreichen. Eine Bindung müssen Mensch und Hund zu gleichen Teilen als Freunde erarbeiten. Über die Jahre habe ich viele Menschen mit ihren Hunden beobachten dürfen. Ein Lächeln zaubert mir immer ins Gesicht, wenn ich Menschen sehe, die ihre Hunde mit Achtsamkeit erziehen. Sozialisieren und auch trainieren. Hunde reagieren dann gerne aufmerksam, vertrauensvoll und lernfreudig. Wenn der Hundemensch liebevoll, achtsam und klar in jeder Situation abwägt, ob und wann etwas getan wird. Diese Menschen hinterfragen gängige Trends und erprobte Methoden der Hundeerziehung und finden so den richtigen Weg für sich – ruhig, bewusst, respektvoll und immer darauf aus, das Bestmögliche für beide im Team zu realisieren.

Für mich sind das die besten Voraussetzungen für einen spannenden und stressarmen Alltag, eine Basis für viele gemeinsame Aktivitäten und ein gesundes Leben. Trotzdem: die wenigen Jahre, die unser geliebter Freund hat, sollten wir nicht damit verbringen, zu fragen, welche Erziehungsmethoden die besseren sind, sondern wie wir uns gemeinsam Freude schenken können. Denn der Sinn des Lebens besteht darin, gemeinsam glücklich zu sein und auch mal über sich selbst lachen zu können. Viel Freude bei der Veränderung!

»Selbsterkenntnis ist die Fähigkeit, einen ehrlichen Blick auf das eigene Leben zu werfen, ohne es für richtig oder falsch, gut oder schlecht zu halten.«

(Debbie Ford)

VIDEO

Nachricht an dich

SCHLUSSWORT

Die perfekte Bindung – ganz schön vollmundig, das Buch, dabei gibt es doch gar nicht DIE eine einzige perfekte Bindung ... oder doch? Genau dafür und deshalb konnte keine andere als Nadia Winter dieses Buch schreiben: Mit ihrer tausendfachen Erfahrung aus zig Jahren intensiven Erleben, Beobachten, Fühlen, Analysieren, Weiterlernen und Lehren heraus macht sie uns klar, dass jede Bindung, die von Vertrauen getragen wird, Regeln und Verlässlichkeiten mit sich bringt, genau das ist, was wir im Mensch-Hund-Miteinander brauchen und worauf wir bauen können. Fundiert und verständlich, mit Beispielen aus ihrem Trainerinnenleben, aus dem Verstehen und Studieren der Beziehungen und nicht zuletzt auch immer mit fachlichem kynologischen und ethologischen Hintergrundwissen vermittelt sie uns, dass wir es schaffen können, genau DIE perfekte Bindung aufzubauen. Lassen wir uns also nicht aufhalten, lassen wir uns darauf ein.

BONUS

Ich liebe dich mehr als mein Leben

Danke, Nadia, dass du uns mitnimmst auf diese Reise, eine erfahrenere Begleitung hätten wir uns nicht wünschen können.

Susanne C. Steiger,
Objektleitung und Chefredakteurin **DER HUND**

Viel Freude wünscht das Team von DER HUND Wissen

Folgen Sie uns für mehr Infos zu unseren Hundebüchern auf:

www.instagram.com/muellerrueschlikon.hund

www.facebook.com/muellerrueschlikonverlag

Müller Rüschlikon

Literatur zum Thema

Dr. Udo Gansloßer & Sarah Mertes: **Hundherum gesund & glücklich**

Dr. Udo Gansloßer: **Expertenreihe Bindung, Kehr et al (Abbruchsignale)**

Pia C. Gröning: **Spiele und Action für Jagdhunde**

Dr. Kurt Kotrschal: **Warum Hunde uns zu besseren Menschen machen**

Gabi Maue: **Tellington TTouch**

Prof.Dr. Ádám Miklósi: **Hunde – Evolution, Kognition und Verhalten**

Register